GONGJIAN

@生态环境部在2020

生态环境部 / 编

中国环境出版集团 · 北京

图书在版编目（CIP）数据

攻坚：@生态环境部在2020 / 生态环境部编. -- 北
京：中国环境出版集团,2021.5
　ISBN 978-7-5111-4730-1

　Ⅰ. ①攻… Ⅱ. ①生… Ⅲ. ①生态环境保护—中国—
文集 Ⅳ. ①X321.2-53

中国版本图书馆CIP数据核字(2021)第093282号

出 版 人	武德凯	
责任编辑	丁莞歆	
责任校对	任　丽	
装帧设计	金　山	

出版发行 中国环境出版集团
　　　　　　（100062　北京市东城区广渠门内大街 16 号）
　　　　　　网　　　址：http：//www.cesp.com.cn
　　　　　　电子邮箱：bjgl@cesp.com.cn
　　　　　　联系电话：010-67112765（编辑管理部）
　　　　　　　　　　　010-67147349（第四分社）
　　　　　　发行热线：010-67125803，010-67113405（传真）
　　　　　　印装质量热线：010-67113404
印　　刷 北京建宏印刷有限公司
经　　销 各地新华书店
版　　次 2021 年 5 月第 1 版
印　　次 2021 年 5 月第 1 次印刷
开　　本 787×960　1/16
印　　张 17.25
字　　数 200 千字
定　　价 88.00 元

前言

〉
〉
〉

　　2020年是决胜全面建成小康社会和"十三五"规划收官之年，是打好污染防治攻坚战的"交账"之年。回顾过去一年，在以习近平同志为核心的党中央坚强领导下，在习近平生态文明思想的科学指引下，全国生态环境系统上下齐心、真抓实干，坚持方向不变、力度不减，突出精准治污、科学治污、依法治污，推动生态环境保护工作不断取得新的进展和成就。"十三五"规划纲要确定的生态环境9项约束性指标均超额完成，生态环境质量明显改善，人民群众身边的蓝天白云、清水绿岸明显增多，环境"颜值"普遍提升，人民群众的生态环境获得感显著增强，厚植了全面建成小康社会的绿色底色和质量成色，美丽中国建设迈出坚实步伐。

　　2020年更是极不平凡的一年。面对错综复杂的国际形势、艰巨繁重的国内改革发展稳定任务，特别是突如其来的新冠肺炎疫情，以习近平同志为核心的党中央团结带领全国人民，以人民至上、生命至上诠释了人间大爱，用众志成城、坚忍不拔书写了抗疫史诗，取得了统筹疫情防控和经济社会发展的重大战略成果，充分展现了中国共产党在面对重大风险挑战时无比坚强的领导力，体现了我国社会主义制度的显著优势。

2020年，生态环境部"两微"（@生态环境部）发稿近万篇，第一时间展现了生态文明建设和生态环境保护工作的点滴进程，为网友了解最新的生态环境权威信息提供了重要渠道。本书整理收录了近500篇@生态环境部 发文，带领读者回顾了2020年生态环境保护重点工作举措，涵盖了解读前沿生态环境政策、讲述中国生态环保故事等内容。这些信息客观反映了全国生态环保人迎难而上、奋力拼搏、坚决打赢打好污染防治攻坚战的奋斗历程，也展现了社会各界携手推进生态文明建设的生动场景。

希望本书的出版能为读者深入地了解生态环境保护工作提供参考，也向全国生态环境系统广大干部职工和千千万万为美丽中国建设积极贡献的人们致以崇高的敬意。

由于编者水平有限，不妥之处，敬请批评指正。

编者

2021年5月

目录

∨∨
∨

GONG

综合新闻

JIAN

攻坚 / @生态环境部在2020

01

1 月
13 日
2020

点击查看

全国生态环境保护工作会议在北京召开

1月12日至13日，生态环境部在北京召开2020年全国生态环境保护工作会议，以习近平新时代中国特色社会主义思想为指导，深入贯彻党的十九大和十九届二中、三中、四中全会以及中央经济工作会议精神，全面落实习近平生态文明思想和全国生态环境保护大会要求，总结2019年工作进展，分析当前生态环境保护面临的形势，安排部署2020年重点工作。生态环境部部长李干杰出席会议并讲话。他强调，要以习近平新时代中国特色社会主义思想为指导，坚定不移贯彻新发展理念，坚决打好打胜污染防治攻坚战，加快构建现代环境治理体系，以生态环境保护优异成绩决胜全面建成小康社会。

02

1 月
14 日
2020

点击查看

生态环境部举行 2020 年离退休干部迎新春团拜会

1月14日，生态环境部在北京举行2020年离退休干部迎新春团拜会。生态环境部党组书记、部长李干杰出席团拜会并代表部党组、部领导班子向生态环境部机关、部属单位和全国生态环境系统离退休老领导、老同志致以新春问候和祝福。

03 生态环境部部长看望慰问曲格平、周生贤

1 月
18 日
2020

1月18日，生态环境部部长李干杰看望慰问了曲格平和周生贤两位老领导，向他们致以诚挚问候和新春祝福。

点击查看

04 生态环境部 2020 年春节团拜会暨表彰大会在北京召开

1 月
20 日
2020

1月19日，生态环境部在北京召开2020年春节团拜会暨表彰大会，部机关全体职工、在京派出机构和直属单位领导班子成员、离退休干部代表欢聚一堂，喜迎新春佳节。生态环境部党组书记、部长李干杰致新春贺词。

点击查看

05

1 月
21 日
2020

生态环境部有关负责同志看望慰问生态环境系统在京院士

1月20日，受生态环境部党组书记、部长李干杰委托，生态环境部副部长庄国泰看望慰问刘鸿亮、王文兴、任阵海、王金南、吴丰昌、王桥6位生态环境系统在京院士。

06

4 月
07 日
2020

生态环境部召开部党组（扩大）会议暨部疫情应对工作领导小组会议

4月7日，生态环境部党组书记、部长、疫情应对工作领导小组组长李干杰主持召开部党组（扩大）会议暨部疫情应对工作领导小组会议，传达学习习近平总书记在浙江考察和参加首都义务植树活动时的重要讲话精神、中央应对新型冠状病毒感染肺炎疫情工作领导小组（本书后文简称中央应对疫情工作领导小组）会议精神、习近平总书记对四川省凉山州西昌市经久乡森林火灾的重要指示精神以及李克强总理的重要批示要求，研究部署进一步做好突发环境事件、核与辐射安全事故风险排查防范及其应急应对工作，审议并原则通过《关于对群众反映强烈的生态环境问题平时不作为、急时"一刀切"问题专项整治工作的报告》。

07

生态环境部协调调度重大生态环境建设工程推动各地加快复工复产

4 月
13 日
2020

为贯彻落实习近平总书记关于统筹推进新冠肺炎疫情防控和经济社会发展的重要讲话精神和党中央、国务院决策部署,近期生态环境部组织对各地中央生态环境保护督察反馈问题和长江经济带生态环境警示片披露问题整改方案进行分析,按照有利于拉动市场投资、有利于促进经济发展、有利于满足民生需要的总体要求,梳理出正在实施和即将实施的114项重大生态环境基础设施建设和生态修复治理工程项目清单,并就投资落实和工程进度情况分别与各地进行了核实。在此基础上,近日中央生态环境保护督察办公室致函各省(区、市)督察整改领导小组办公室,要求在做好疫情防控的前提下积极研究措施,有效推进复工复产。

08

生态环境部印发通知要求进一步做好环境安全保障工作

4 月
14 日
2020

生态环境部近日印发《关于进一步做好环境安全保障工作的通知》,就做好当前生态环境安全保障工作进行部署,对突发环境事件应对的重点环节提出明确要求。

09 生态环境部部务会议审议并原则通过新修订的《生态环境部工作规则》

5月
08 日
2020

点击查看

5月7日，生态环境部部长黄润秋主持召开部务会议，审议并原则通过新修订的《生态环境部工作规则》。生态环境部党组书记、副部长孙金龙出席会议。

10 生态环境部召开部党组（扩大）会议

5月
12 日
2020

点击查看

5月11日，生态环境部党组书记孙金龙主持召开部党组（扩大）会议，听取打赢蓝天、碧水、净土三大保卫战进展情况和"十四五"生态环境保护规划思路汇报，部署下一步工作。生态环境部部长黄润秋列席会议。

11 生态环境部赴围场县、隆化县开展定点扶贫慰问调研

5月14日至16日，生态环境部党组成员、副部长庄国泰带队赴河北省承德市围场县、隆化县开展定点扶贫慰问调研，了解疫情防控期间两县脱贫攻坚进展情况及面临的问题和困难，指导推动定点扶贫工作。

12 生态环境部离退休干部领导小组召开 2020 年第一次会议

5月13日，生态环境部召开离退休干部领导小组第一次会议。庄国泰副部长主持会议并讲话，领导小组全体成员出席会议。会议就进一步深入学习贯彻全国离退休干部"双先"表彰大会和全国老干部局长会议精神、做好生态环境部离退休干部工作提出要求。

13

5 月
25 日
2020

生态环境部部长黄润秋在两会"部长通道"接受媒体采访

　　5月25日下午，在第十三届全国人大三次会议第二次全体会议结束后，2020年全国两会第二场"部长通道"在人民大会堂开启。生态环境部部长黄润秋通过网络视频方式接受媒体采访。

14

5 月
29 日
2020

生态环境部党组中心组集中（扩大）学习全国"两会"精神

　　5月29日，生态环境部党组书记孙金龙主持部党组中心组集中（扩大）学习，传达学习党的十三届全国人大三次会议和全国政协十三届三次会议精神。生态环境部部长黄润秋列席会议并传达全国"两会"主要精神。

15

6 月
01 日
2020

点击查看

生态环境部召开部常务会议

6月1日，生态环境部部长黄润秋主持召开生态环境部常务会议，审议并原则通过《大运河生态环境保护修复专项规划》《生态环境部中央生态环境资金项目内部管理规程（试行）》，研究生态环境部6月工作安排。

16

6 月
21 日
2020

点击查看

生态环境部党组理论学习中心组集中学习研讨习近平生态文明思想

6月20日至21日，生态环境部党组理论学习中心组集中学习研讨习近平生态文明思想。生态环境部党组书记孙金龙主持21日上午举行的集中自学和下午的集中研讨交流会并作总结讲话。生态环境部部长黄润秋列席集中学习会并作交流发言。

17

6 月
22 日
2020

点击查看

生态环境部召开 2020 年建议提案交办会

6月22日，生态环境部召开2020年建议提案交办会，传达学习全国人大、全国政协建议提案交办会精神和生态环境部党组书记孙金龙、部长黄润秋对建议提案办理工作的批示，总结2019年建议提案完成情况，研究部署2020年办理工作。生态环境部副部长庄国泰出席会议并讲话。

18

7 月
01 日
2020

点击查看

生态环境部召开部党组（扩大）会议

7月1日，生态环境部党组书记孙金龙主持召开部党组（扩大）会议，传达学习近期习近平总书记关于生态环境保护的重要批示精神，审议并原则通过《生态环境保护专项督察工作规定》《生态环境部约谈办法》。生态环境部部长黄润秋列席会议。部党组和部领导班子成员就学习习近平总书记重要批示精神在思想认识上的提高、收获和体会逐一进行交流发言，并结合工作实际提出了下一步贯彻落实的打算。

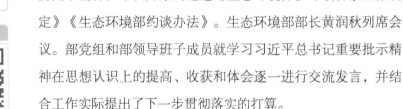

生态环境部召开部常务会议

19

7 月
07 日
2020
点击查看

7月7日，生态环境部部长黄润秋主持召开生态环境部常务会议，审议并原则通过《长江三角洲区域生态环境共同保护规划》《2020年上半年生态环境形势和重点工作进展分析报告》，听取2020年上半年生态环境保护重点工作任务督查落实情况汇报。生态环境部党组书记孙金龙出席会议。

生态环境部召开部党组（扩大）会暨国家安全工作领导小组会议

20

7 月
09 日
2020
点击查看

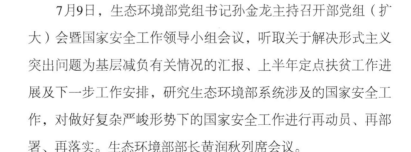

7月9日，生态环境部党组书记孙金龙主持召开部党组（扩大）会暨国家安全工作领导小组会议，听取关于解决形式主义突出问题为基层减负有关情况的汇报、上半年定点扶贫工作进展及下一步工作安排，研究生态环境部系统涉及的国家安全工作，对做好复杂严峻形势下的国家安全工作进行再动员、再部署、再落实。生态环境部部长黄润秋列席会议。

21 生态环境部部长出席美丽浙江建设规划纲要高层次专家论证会

7 月
11 日
2020

点击查看

7月11日，由浙江省人民政府举办的《深化生态文明示范创建 高水平建设新时代美丽浙江规划纲要（2020—2035年）》高层次专家论证会召开。生态环境部部长黄润秋、浙江省省长袁家军出席会议并讲话。

22 生态环境部部长黄润秋出席国家绿色发展基金股份有限公司揭牌仪式

7 月
16 日
2020

点击查看

作为落实习近平生态文明思想、建设美丽中国和推动经济高质量发展的重要举措，国家绿色发展基金股份有限公司于7月15日正式揭牌运营。上海市委书记李强，财政部部长刘昆，生态环境部部长黄润秋，上海市委副书记、代市长龚正通过视频连线方式共同为国家绿色发展基金股份有限公司揭牌，财政部副部长余蔚平主持会议。

23

7 月
18 日
2020

点击查看

2020 年深入学习贯彻习近平生态文明思想研讨会在北京开幕

7月18日，由生态环境部宣传教育司、中宣部理论局、生态环境部环境与经济政策研究中心联合主办的2020年深入学习贯彻习近平生态文明思想研讨会在北京开幕。生态环境部党组书记孙金龙出席开幕式并讲话，生态环境部党组成员、副部长庄国泰主持开幕式，马克思主义理论研究和建设工程咨询委员会主任徐光春，全国政协经济委员会副主任、国务院发展研究中心原副主任刘世锦分别作主旨报告。中宣部、全国人大环境与资源保护委员会、国家发展和改革委员会、自然资源部、水利部、农业农村部、国家林业和草原局和生态环境部有关司局和单位的负责同志，部分地方党委政府和生态环境部门代表，部分高校、科研院所的专家学者，部分企业代表和媒体代表共计百余人参加了开幕式。

24

7 月
19 日
2020

点击查看

2020 年深入学习贯彻习近平生态文明思想研讨会在北京闭幕

7月19日，2020年深入学习贯彻习近平生态文明思想研讨会在北京顺利闭幕。生态环境部党组成员、副部长庄国泰出席会议并作总结讲话。本次研讨会共一天半的时间，有60多位专家、代表发言，围绕深入学习贯彻落实习近平生态文明思想广泛开展研讨、分享和交流，形成了一系列有深度、有价值的观点和成果。

25

7 月
23 日
2020

点击查看

生态环境部召开部党组中心组集中（扩大）学习会

7月23日，生态环境部党组书记孙金龙主持召开部党组中心组集中（扩大）学习会，深入学习贯彻习近平总书记在十九届中央政治局第二十次集体学习时的重要讲话精神和《中华人民共和国民法典》（以下简称《民法典》）。中国人民大学常务副校长王利明教授应邀就学习宣传贯彻《民法典》作报告。生态环境部部长黄润秋列席会议。部党组和部领导班子成员就学习习近平总书记重要讲话精神和《民法典》谈了各自的认识和体会，并结合工作实际提出下一步贯彻落实的意见建议。

26

7 月
30 日
2020

生态环境部召开部务会议

7月30日，生态环境部部长黄润秋主持召开部务会议，传达学习贯彻国务院第三次廉政工作会议精神，安排部署近期生态环境保护重点工作。生态环境部党组书记孙金龙出席会议。

点击查看

27 生态环境部召开部党组会议

8 月
31 日
2020

点击查看

　　8月31日，生态环境部党组书记孙金龙主持召开部党组会议，传达学习贯彻习近平总书记对制止餐饮浪费行为的重要指示精神，部署推动近期习近平总书记关于生态环境保护的重要批示办理情况，听取生态环境部党组巡视整改工作领导小组办公室工作情况汇报，研究中央巡视生态环境部党组反馈意见整改中的立行立改事项。生态环境部部长黄润秋列席会议。

28 生态环境部党组理论学习中心组集中学习《习近平谈治国理政》第三卷

8 月
31 日
2020

点击查看

　　8月31日，生态环境部党组理论学习中心组集中学习《习近平谈治国理政》第三卷。生态环境部党组书记孙金龙主持集中学习并讲话，生态环境部部长黄润秋列席并作交流发言。

29

9 月
07 日
2020

生态环境部召开制止餐饮浪费行为工作部署会

9月7日，生态环境部召开制止餐饮浪费行为工作部署会，传达学习习近平总书记对制止餐饮浪费行为的重要指示精神和孙金龙书记、黄润秋部长的批示要求，通报生态环境部机关关于制止餐饮浪费、培养节约习惯的工作方案。生态环境部党组成员、副部长庄国泰出席会议并讲话。

30

9 月
09 日
2020

生态环境部召开部党组会议

9月8日，生态环境部党组书记孙金龙主持召开部党组会议，传达学习习近平总书记在全国抗击新冠肺炎疫情表彰大会上的重要讲话和大会精神、中央政治局会议研究黄河流域生态保护和高质量发展规划纲要有关精神，研究贯彻落实习近平总书记关于扎实推进长三角一体化发展重要指示精神的具体措施，审议并原则通过中央巡视生态环境部党组反馈意见相关整改方案，成立部党建工作领导小组和部党风廉政建设领导小组，调整部党组巡视工作领导小组。生态环境部部长黄润秋列席会议。

31 生态环境部召开援疆干部人才座谈会

9月20日，生态环境部党组书记孙金龙主持召开生态环境部第十批援疆干部人才座谈会。他强调，援疆干部要深入学习贯彻新时代党的治疆方略，投身新疆、融入新疆、情系新疆，在援疆岗位上展示环保铁军形象，干出一番事业，不辜负组织的信任与嘱托。

32 深入贯彻习近平生态文明思想　谋划好"十四五"生态环境保护规划

9月21日，生态环境部召开"十四五"生态环境保护规划编制工作推进会，赵英民副部长出席会议并讲话。会议指出，"十四五"时期是我国全面建成小康社会、实现生态环境总体改善、开启全面建设社会主义现代化国家新征程、建设美丽中国的第一个五年，要深入贯彻落实习近平总书记关于"十四五"规划编制的重要批示指示精神，适应社会经济发展新形势和生态环境保护新要求，系统谋划好"十四五"生态环境保护规划。

33 生态环境部召开部党组会议

9 月
25 日
2020

点击查看

　　9月25日，生态环境部党组书记孙金龙主持召开部党组会议，传达学习习近平主席在第七十五届联合国大会一般性辩论上的重要讲话精神，传达学习习近平总书记在中央财经委员会第八次会议上的重要讲话精神。生态环境部部长黄润秋列席会议。

34 生态环境部党组召开会议

9 月
28 日
2020

点击查看

　　9月28日，生态环境部党组书记孙金龙主持召开部党组会议，传达学习习近平总书记在第三次中央新疆工作座谈会上的重要讲话精神和会议精神。生态环境部部长黄润秋列席会议。

35 生态环境部召开部常务会议

9月 29日 2020

点击查看

9月29日，生态环境部部长黄润秋主持召开生态环境部常务会议，研究部署进一步推进应对气候变化工作，审议并原则通过第四批国家生态文明建设示范市县和"绿水青山就是金山银山"实践创新基地名单、《生态环境统计改革工作方案》、《2020年第三季度生态环境形势和重点工作进展分析报告》，研究部署国庆、中秋假期有关安排。生态环境部党组书记孙金龙出席会议。

36 2020 年全国扶贫日生态环保扶贫论坛召开

10月 14日 2020

点击查看

10月14日上午，作为2020年扶贫日系列论坛之一，由生态环境部主办的以"决战决胜脱贫攻坚，协同打赢精准脱贫和污染防治攻坚战"为主题的生态环保扶贫论坛在北京会议中心召开。国务院扶贫开发领导小组办公室党组成员、副主任欧青平出席论坛并致辞，生态环境部副部长庄国泰出席论坛并讲话。

37

10 月
15 日
2020

生态环境部副部长庄国泰出席第三届数字中国建设峰会数字生态分论坛

10月12日，由生态环境部、福建省人民政府主办的第三届数字中国建设峰会数字生态分论坛在福州举办。生态环境部党组成员、副部长庄国泰作视频致辞，福建省人民政府副省长李德金出席会议并讲话。

38

10 月
20 日
2020

生态环境部党组召开会议

10月20日，生态环境部党组书记孙金龙主持召开部党组会议，传达学习贯彻习近平总书记在联合国生物多样性峰会上的重要讲话精神、习近平总书记在深圳经济特区建立40周年庆祝大会上的重要讲话精神、习近平总书记在中央政治局第二十三次集体学习时的重要讲话精神，传达学习十九届中央第六轮巡视工作动员部署会精神。生态环境部部长黄润秋列席会议。

39

点击查看

生态环境部党组召开会议　传达学习贯彻党的十九届五中全会精神

10月30日，生态环境部党组书记孙金龙主持召开部党组会议，传达学习党的十九届五中全会精神，研究部署贯彻落实工作。生态环境部部长黄润秋列席会议。

40

点击查看

深入学习宣传贯彻党的十九届五中全会精神 努力推动"十四五"时期生态环境保护工作迈上新台阶

11月2日，按照部党组部署，生态环境部机关党委印发通知，要求部系统各级党组织和全体党员、干部深入学习宣传贯彻党的十九届五中全会精神，努力推动"十四五"时期生态环境保护工作迈上新台阶。

41 生态环境部党组召开会议

11 月
05 日
2020

点击查看

11月4日，生态环境部党组书记孙金龙主持召开部党组会议，进一步传达学习党的十九届五中全会精神，学习贯彻习近平总书记在中央政治局第二十四次集体学习时的讲话，听取生态环境部党组巡视整改进展情况汇报、"十四五"生态环境保护规划编制工作有关情况汇报、核安全工作汇报、老干部工作情况汇报。这次会议也是生态环境部"十四五"生态环境保护规划编制工作领导小组会议。生态环境部部长黄润秋列席会议。

42 生态环境部党组召开会议

11 月
17 日
2020

点击查看

11月17日，生态环境部党组书记孙金龙主持召开部党组会议，传达学习贯彻习近平总书记在全面推动长江经济带发展座谈会上的重要讲话精神、习近平总书记在浦东开发开放30周年庆祝大会上的重要讲话精神，传达学习贯彻韩正副总理在生态环境部调研座谈会上的讲话精神，审议并原则通过《生态环境部党组学习宣传贯彻党的十九届五中全会精神实施方案》《中共生态环境部党组巡视整改落实进展情况报告》《中共生态环境部党组关于选人用人专项检查反馈意见整改落实情况报告》《中共生态环境部党组关于巡视工作专项检查反馈意见整改落实情况报告》。生态环境部部长黄润秋列席会议。

43 第二次全国污染源普查工作总结会议在北京召开

11 月
25 日
2020

点击查看

　　11月25日，第二次全国污染源普查工作总结会议在北京召开。会前，中央政治局常委、国务院副总理、国务院第二次全国污染源普查领导小组组长韩正专门对普查工作作出重要批示。生态环境部部长黄润秋出席会议并讲话。他强调，要深入贯彻习近平生态文明思想，全面贯彻党的十九届五中全会精神，认真落实韩正副总理重要批示精神，全面总结第二次全国污染源普查工作，开发应用好普查成果，有力支撑深入打好污染防治攻坚战和助推高质量发展，为决胜全面建成小康社会、开启全面建设社会主义现代化国家新征程作出新的更大贡献。

44 生态环境部党组召开会议

11 月
30 日
2020

点击查看

　　11月30日，生态环境部党组书记孙金龙主持召开部党组会议，传达学习贯彻习近平总书记在中央全面深化改革委员会第十六次会议上的重要讲话精神，研究部署规范移动互联网应用程序、整治"指尖上的形式主义"。这次会议也是生态环境部全面深化改革领导小组会议。生态环境部部长黄润秋列席会议。

45

国家生态环境保护专家委员会全体会议在北京举行

12 月
04 日
2020

点击查看

　　12月4日，国家生态环境保护专家委员会（以下简称专委会）全体会议在北京举行。生态环境部部长黄润秋主持会议并讲话。他强调，要深入学习贯彻党的十九届五中全会精神，科学谋划"十四五"时期生态环境保护工作，为开启全面建设社会主义现代化国家新征程、向第二个百年奋斗目标进军奠定坚实的生态环境基础。会上，生态环境部副部长赵英民介绍了"十四五"生态环境保护规划总体思路，专委会委员代表围绕如何做好"十四五"期间生态环保工作作交流发言或提交书面意见建议。

46

生态环境部部长黄润秋作应对气候变化和保护生物多样性科学报告

12 月
11 日
2020

点击查看

　　近日，九三学社第十四届中央委员会第四次全体会议在北京举行科学报告会，九三学社中央委员会副主席、生态环境部部长黄润秋应邀作《道法自然：从应对气候变化到生物多样性保护》科学报告。他强调，要深入贯彻习近平生态文明思想，积极探索应对气候变化和保护生物多样性的共同之道，努力建设人与自然和谐共生的现代化。

47 "美丽中国百人论坛 2020 年会" 在北京举办

12 月
19 日
2020

点击查看

　　12月18日，"美丽中国百人论坛2020年会"在北京举办。论坛主席、生态环境部部长黄润秋出席年会并讲话。全国人大常委会副委员长、中国科学院院士陈竺，联合国前副秘书长、环境规划署前执行主任埃里克·索尔海姆分别向论坛致贺信。论坛名誉主席、首任国家环境保护局局长曲格平发表视频致辞。论坛主席、生态环境部气候变化事务特别顾问、原中国气候变化事务特别代表解振华提交书面致辞。论坛副主席、生态环境部副部长庄国泰作开幕致辞。

48 生态环境部党组召开会议

12 月
19 日
2020

点击查看

　　12月18日下午，生态环境部党组书记孙金龙主持召开部党组会议，迅速传达中央经济工作会议精神，研究生态环境部系统贯彻落实的举措。会议还传达学习了习近平总书记主持中央政治局第二十五次集体学习时的重要讲话精神，中央生态环境保护督察工作领导小组第二次会议精神。生态环境部部长黄润秋列席会议。会上，孙金龙传达习近平总书记在中央经济工作会议上的重要讲话精神，黄润秋传达李克强总理的讲话精神。会议还对生态环境系统做好今冬明春疫情防控和岁末年初相关工作作出部署安排。

49

12 月
28 日
2020

点击查看

生态环境部党组举行理论学习中心组集中学习

12月26—27日，正值岁末年初，"十三五"即将收官、"十四五"开局在即的重要时刻，生态环境部党组举行理论学习中心组集中学习，深入学习贯彻习近平生态文明思想和习近平总书记对生态环境保护工作的重要指示批示精神，对标对表总书记关于突出"精准治污、科学治污、依法治污"的重要指示精神，找准方向、校准靶标，科学谋划部署"十四五"时期和2021年生态环境保护工作。生态环境部党组书记孙金龙主持集中研讨，生态环境部部长黄润秋参加学习和集中研讨。

50

12 月
31 日
2020

点击查看

生态环境部部署做好岁末年初生态环境安全保障工作

生态环境部近日印发《关于做好岁末年初生态环境安全保障工作的通知》，要求各地生态环境部门强化底线思维，加强环境安全风险防控和应急准备各项责任措施落实，有效防范重特大突发环境事件，坚决守住生态环境安全底线。

署名文章

攻坚 / @生态环境部
在2020

01

点击查看

生态环境部党组书记、部长李干杰在《经济日报》发表署名文章《持续推进排污许可制改革 提升环境监管效能》

党的十九届四中全会审议通过的《中共中央关于坚持和完善中国特色社会主义制度、推进国家治理体系和治理能力现代化若干重大问题的决定》明确提出，构建以排污许可制为核心的固定污染源监管制度体系。党中央把排污许可制定位为固定污染源环境管理的核心制度，凸显了这项制度的极端重要性。全国生态环境系统应认真落实党中央、国务院决策部署，按照"先试点、后推开，先发证、后到位"的总要求，积极推动排污许可制度改革，对固定污染源实施"一证式"管理。

02

点击查看

生态环境部党组书记、部长李干杰在《人民日报》发表署名文章《坚决打好打胜污染防治攻坚战》

2019年年底召开的中央经济工作会议充分肯定了我国在生态环境质量改善方面取得的成绩，并对贯彻新发展理念、打好污染防治攻坚战作出新的部署和安排。我们要深入学习贯彻中央经济工作会议精神，坚持方向不变、力度不减，突出精准治污、科学治污、依法治污，坚决打好打胜污染防治攻坚战，以优异成绩决胜全面建成小康社会。

03

5 月
18 日
2020

点击查看

生态环境部党组书记孙金龙在《学习时报》发表署名文章《协同打赢精准脱贫和污染防治攻坚战 决战决胜全面建成小康社会》

党的十八大以来，以习近平同志为核心的党中央把脱贫攻坚作为全面建成小康社会的底线任务和标志性指标，作出一系列重大部署，推动脱贫攻坚取得举世瞩目的决定性成就。2020年3月6日，在统筹推进疫情防控和经济社会发展工作的紧要关头，在脱贫攻坚的关键节点，习近平总书记出席决战决胜脱贫攻坚座谈会并发表重要讲话，吹响了全面建成小康社会的冲锋号，向全党全国人民发出了决战决胜脱贫攻坚的总攻令，充分彰显了人民领袖的为民情怀和使命担当，展现了我们党兑现庄严承诺的坚强意志和必胜信心。生态环境部系统要深入学习领会、认真贯彻落实习近平总书记重要讲话精神，以更强的决心、更大的力度、更实的举措、更硬的作风全面推进生态环保扶贫工作，协同打赢疫情防控阻击战、精准脱贫攻坚战和污染防治攻坚战，为决战决胜全面建成小康社会作出新的更大贡献。

04

6 月
01 日
2020

生态环境部党组书记孙金龙在《求是》杂志发表署名文章《提高全面建成小康社会的绿色底色和成色》

良好生态环境是全面建成小康社会的底色，打赢打好污染防治攻坚战直接关系全面建成小康社会成色。习近平总书记多次强调，小康全面不全面，生态环境质量很关键。我们要深入学习贯彻习近平总书记重要讲话和指示批示精神，保持方向不变、力度不减，突出精准、科学、依法治污，以更加有力的举措坚决打赢打好污染防治攻坚战，推动生态环境质量持续好转，确保全面建成小康社会得到人民认可、经得起历史检验。

05

6 月
24 日
2020

《旗帜》杂志刊发生态环境部党组署名文章《构建现代环境治理体系 为建设美丽中国提供有力制度保障》

近日，中共中央办公厅、国务院办公厅印发《关于构建现代环境治理体系的指导意见》，进一步明确了构建现代环境治理体系的指导思想、基本原则、主要目标和重点任务，充分体现了党中央、国务院建立健全环境治理体系，推进生态环境保护的坚定意志和坚强决心，将为推动生态环境根本好转、建设生态文明和美丽中国提供有力的制度保障。

06

点击查看

生态环境部党组书记孙金龙在《人民日报》发表署名文章《中华民族永续发展的千年大计——深入学习贯彻习近平生态文明思想》

　　生态文明建设是关系中华民族永续发展的千年大计。党的十八大以来，习近平总书记站在坚持和发展中国特色社会主义、实现中华民族伟大复兴中国梦的战略高度，亲自谋划部署、亲自指导推动生态文明建设和生态环境保护，发表一系列重要讲话，作出一系列重要指示，形成习近平生态文明思想，指导我国生态文明建设和生态环境保护取得历史性成就、发生历史性变革，开辟了生态文明建设理论和实践的新境界。

07

点击查看

生态环境部党组书记孙金龙在《光明日报》发表署名文章《做习近平生态文明思想的坚定信仰者、忠实践行者、不懈奋斗者》

　　党的十八大以来，在几代中国共产党人探索实践的基础上，以习近平同志为核心的党中央继续推动生态文明理论创新、实践创新、制度创新，提出一系列新理念、新思想、新战略、新要求，形成了习近平生态文明思想，开辟了生态文明建设理论和实践的新境界。习近平同志作为这一思想的主要创立者，以主政地方探索生态文明建设路径、开展生态环境保护实践为基础，继承中国共产党人的集体智慧结晶，对党的十八大以来领导全党全国人民开展生态文明建设的最新实践、最新成果、最新经验进行提炼和升华，以新的视野、新的认识、新的理念赋予生态文明建设理论新的时代内涵，把我们党对生态文明的认识和把握提升到一个新高度。

08

7 月
21 日
2020

生态环境部党组书记孙金龙、部长黄润秋在《人民日报》发表署名文章《科学评估成效 严格规范考核 坚决打赢污染防治攻坚战》

近日，中共中央办公厅、国务院办公厅印发《省（自治区、直辖市）污染防治攻坚战成效考核措施》，坚持以习近平生态文明思想为统领，紧扣全面建成小康社会目标，对污染防治攻坚战成效考核工作进行全面部署，充分体现了党中央、国务院坚决打赢污染防治攻坚战的坚强意志和坚定决心，将为全面加强生态环境保护、持续改善生态环境质量、推进美丽中国建设提供强大的政治保障。

09

8 月
14 日
2020

点击查看

生态环境部党组在《人民日报》发表署名文章《以习近平生态文明思想引领美丽中国建设——深入学习〈习近平谈治国理政〉第三卷》

《习近平谈治国理政》第三卷的出版发行，对推动广大党员、干部和群众学懂、弄通、做实习近平新时代中国特色社会主义思想具有重要意义。我们要把学好、用好《习近平谈治国理政》第三卷作为一项重大政治任务，与习近平生态文明思想和习近平总书记重要指示批示精神一体学习、一体领会、一体贯彻，在知行合一、学以致用上下功夫，坚决打赢打好污染防治攻坚战，大力推进生态文明建设，努力打造青山常在、绿水长流、空气常新的美丽中国，让广大人民群众望得见山、看得见水、记得住乡愁，在优美生态环境中生产生活。

10

9 月
13 日
2020

点击查看

生态环境部部长黄润秋在《经济日报》发表署名文章《以生态环境高水平保护推进经济高质量发展》

实施"三线一单"（生态保护红线、环境质量底线、资源利用上线和生态环境准入清单）生态环境分区管控，是新时代贯彻落实习近平生态文明思想、提升生态环境治理体系和治理能力现代化水平的重要举措。要深入贯彻党中央、国务院决策部署，加快编制"三线一单"并做好落地应用，以生态环境高水平保护推动经济高质量发展。

11

9 月
23 日
2020

生态环境部部长黄润秋在《人民日报》发表署名文章《凝聚共识　携手共进　共建地球生命共同体》

生物多样性保护是生态文明建设的重要内容，关系人类福祉和未来。作为全球生物多样性保护的重要参与者、贡献者、引领者，中国将以举办《生物多样性公约》第十五次缔约方大会（COP15）为契机，积极分享生物多样性保护的实践与经验，深度参与全球生物多样性保护合作，与各国一道共建地球生命共同体。

12

9 月
30 日
2020

生态环境部党组书记孙金龙、部长黄润秋在《光明日报》发表署名文章《坚决贯彻落实习近平总书记重要宣示　以更大力度推进应对气候变化工作》

2020年9月22日，习近平主席在第七十五届联合国大会一般性辩论上郑重宣布，"中国将提高国家自主贡献力度，采取更加有力的政策和措施，二氧化碳排放力争2030年前达到峰值，努力争取2060年前实现碳中和。"这一重要宣示为我国应对气候变化、绿色低碳发展提供了方向指引，擘画了宏伟蓝图。

13

10 月
01 日
2020

生态环境部党组书记孙金龙在《旗帜》杂志发表署名文章《促进人与自然和谐共生 奋力谱写新时代生态环境保护事业新篇章》

近期出版的《习近平谈治国理政》第三卷，是学习习近平新时代中国特色社会主义思想最权威、最系统、最鲜活的原著原典，是一部闪耀着马克思主义真理光芒的纲领性文献集。生态环境部门要把学好用好《习近平谈治国理政》第三卷作为一项重大政治任务，与深入学习贯彻习近平生态文明思想和习近平总书记重要指示批示精神结合起来，与扎实推进生态环境各项治理任务结合起来，在学思用贯通、知信行合一上下更大功夫，坚决打赢打好污染防治攻坚战，促进人与自然和谐共生，努力打造青山常在、绿水长流、空气常新的美丽中国，奋力谱写新时代生态环境保护事业新篇章。

14

11 月
09 日
2020

驻生态环境部纪检监察组组长库热西·买合苏提在《中国纪检监察》杂志发表署名文章《以政治清明促生态文明》

习近平总书记指出，生态文明建设是关系中华民族永续发展的根本大计。党中央在"十四五"时期经济社会发展主要目标和2035年远景目标中均明确了生态文明建设和生态环境改善的有关内容，并提出"推动绿色发展，促进人与自然和谐共生"的要求，在加快推动绿色低碳发展、持续改善环境质量、提升生态系统质量和稳定性、全面提高资源利用效率等方面作出部署，明确了"十四五"乃至更长一段时期生态文明建设和生态环境保护工作的路线图、任务书。驻生态环境部纪检监察组将自觉服从服务党和国家工作大局，自觉把自己摆进去、把职责摆进去、把工作摆进去，把党中央决策部署与纪检监察职能结合起来，有效发挥监督保障执行、促进完善发展作用，保持污染防治定力不动摇，确保全会精神落地、落实，为生态文明建设和生态环境保护提供坚强保障。

15

11 月
20 日
2020

点击查看

生态环境部党组书记孙金龙在《人民日报》发表署名文章《我国生态文明建设发生历史性转折性全局性变化》

"十三五"时期是我国全面建成小康社会的决胜阶段。面对错综复杂的国际形势、艰巨繁重的国内改革发展稳定任务，特别是新冠肺炎疫情的严重冲击，以习近平同志为核心的党中央统筹中华民族伟大复兴战略全局和世界百年未有之大变局，团结带领全党全国各族人民砥砺前行、开拓创新，推动决胜全面建成小康社会取得决定性成就。从生态文明建设和生态环境保护来看，在习近平生态文明思想的科学指引下，我国生态文明建设从认识到实践都发生了历史性、转折性、全局性变化，为"十四五"时期生态文明建设实现新进步，2035年生态环境根本好转、美丽中国建设目标基本实现奠定了坚实基础。

16

12 月
07 日
2020

点击查看

生态环境部党组书记孙金龙在《党建》杂志发表署名文章《深入学习贯彻党的十九届五中全会精神 全面开启生态文明建设新征程》

党的十九届五中全会是在"两个一百年"奋斗目标的历史交汇点上召开的一次具有全局性、历史性意义的重要会议。全会审议通过的《中共中央关于制定国民经济和社会发展第十四个五年规划和二〇三五年远景目标的建议》，是开启全面建设社会主义现代化国家新征程、向第二个百年奋斗目标进军的纲领性文件。我们要把学习贯彻全会精神作为重大政治任务，抓紧编制"十四五"生态环境保护规划，深入打好污染防治攻坚战，推动生态文明建设实现新进步，加快建设美丽中国。

17

12 月
18 日
2020

点击查看

生态环境部党组书记孙金龙在《旗帜》杂志发表署名文章《深入打好污染防治攻坚战 持续改善环境质量》

党的十九届五中全会通过的《中共中央关于制定国民经济和社会发展第十四个五年规划和二〇三五年远景目标的建议》明确提出持续改善环境质量的重大任务。这是以习近平同志为核心的党中央深刻把握我国生态文明建设及生态环境保护形势，着眼美丽中国建设目标，立足满足人民日益增长的美好生活需要作出的重大战略部署。我们要深入贯彻习近平生态文明思想，准确把握持续改善环境质量的重大意义、重点任务和主要措施，坚决抓好贯彻落实。

18

12 月
25 日
2020

点击查看

生态环境部在《法治日报》发表署名文章《深入学习贯彻习近平法治思想和生态文明思想 依法推进生态环境保护工作再上新台阶》

党的十八大以来，以习近平同志为核心的党中央站在关系党的前途命运和国家长治久安的战略全局高度，把全面依法治国摆在治国理政突出重要位置，纳入"四个全面"战略布局，提出一系列新理念、新思想、新战略，系统形成了习近平法治思想，这也是这次中央全面依法治国工作会议的标志性、创新性、战略性重大成果。生态环境部将认真落实中央全面依法治国工作会议精神，一体推进习近平法治思想和习近平生态文明思想学习宣传贯彻，以高质量的生态文明法治建设推动生态环境高水平保护。

GONG

疫情防控相关
生态环境保护工作

攻坚 / @生态环境部
在 2020

JIAN

01

生态环境部召开部长专题会议 研究部署新冠肺炎疫情防控相关环保工作

1 月
23 日
2020

点击查看

1月22日,生态环境部部长李干杰因出访刚刚回到北京,随即便主持召开部长专题会议,传达学习贯彻习近平总书记对新冠肺炎疫情重要指示精神,认真落实李克强总理批示和国务院常务会议、国务院联防联控机制电视电话会议要求,研究部署疫情防控相关环保工作。

02

生态环境部及时部署新冠肺炎疫情医疗废物环境管理工作

1 月
23 日
2020

点击查看

为应对新冠肺炎疫情,生态环境部于1月21日印发《关于做好新型冠状病毒感染的肺炎疫情医疗废物环境管理工作的通知》,部署各地及时、有序、高效、无害化处置新冠肺炎疫情医疗废物。

03

1 月
29 日
2020

点击查看

生态环境部党组认真落实习近平总书记重要指示精神和党中央、国务院决策部署，做好医疗废物处置等工作，为打赢疫情防控阻击战提供支撑保障

1月28日，中共中央发出明电《关于加强党的领导、为打赢疫情防控阻击战提供坚强政治保证的通知》（以下简称《通知》）。生态环境部收到《通知》后，部党组书记、部长李干杰当即作出批示，要求部系统以及全国生态环境系统有关部门和单位认真按照《通知》要求，深入贯彻落实习近平总书记重要指示精神和党中央、国务院决策部署，进一步加强党的领导，充分发挥党员干部先锋模范作用，切实做好医疗废物处理处置等相关环保工作，以及系统内部疫情防控事宜，为打赢疫情防控阻击战全力提供支撑保障。

04

1 月
29 日
2020

点击查看

生态环境部印发《新型冠状病毒感染的肺炎疫情医疗废物应急处置管理与技术指南（试行）》

为应对新冠肺炎疫情，生态环境部于1月28日印发《新型冠状病毒感染的肺炎疫情医疗废物应急处置管理与技术指南（试行）》，指导各地及时、有序、高效、无害化处置新冠肺炎疫情医疗废物，规范新冠肺炎疫情医疗废物应急处置的管理与技术要求。

05

1 月
30 日
2020

点击查看

生态环境部召开部长专题会议 研究部署全力支撑保障打赢疫情防控阻击战的相关环境保护措施

1月30日，生态环境部部长李干杰主持召开部长专题会议，传达学习贯彻习近平总书记近期就新冠肺炎疫情防控工作作出的多次重要指示批示精神，认真落实《中共中央关于加强党的领导、为打赢疫情防控阻击战提供坚强政治保证的通知》和李克强总理1月29日主持召开的中央应对疫情工作领导小组会议要求，研究部署全力支撑保障打赢疫情防控阻击战的相关环境保护措施。

06

1 月
31 日
2020

点击查看

生态环境部印发《应对新型冠状病毒感染肺炎疫情应急监测方案》

为贯彻落实习近平总书记关于防控新冠肺炎疫情的重要指示精神和党中央国务院有关决策部署，服务服从抗击疫情工作大局，根据生态环境部疫情应对工作领导小组的工作安排，近日，生态环境部印发了《应对新型冠状病毒感染肺炎疫情应急监测方案》，研究部署应对新冠肺炎疫情应急监测工作，坚决防止疫情次生灾害对生态环境和人民群众健康造成不良影响。

07 生态环境部党组向全系统各级党组织和党员干部发出通知

2 月
01 日
2020

点击查看

　　自新冠肺炎疫情发生以来，党中央高度重视。习近平总书记主持召开中央政治局常委会会议并发表重要讲话，作出一系列重要指示批示，中共中央发出明电《关于加强党的领导、为打赢疫情防控阻击战提供坚强政治保证的通知》，为做好疫情防控工作提供了根本遵循和行动指南。生态环境部党组迅速传达学习贯彻落实习近平总书记系列重要指示批示精神，研究部署落实疫情防控有关工作，要求生态环境系统深入贯彻落实习近平总书记重要指示批示精神和党中央、国务院决策部署，进一步加强党的领导，充分发挥各级党组织战斗堡垒作用和党员干部先锋模范作用，切实做好医疗废物处理处置等相关环保工作，以及系统内部疫情防控事宜，为打赢疫情防控阻击战提供全力支撑保障。

08 生态环境部就做好新冠肺炎疫情防控中医疗机构辐射安全监管服务保障工作发出通知

2 月
01 日
2020

点击查看

　　为贯彻落实习近平总书记重要指示精神和党中央、国务院决策部署，打赢疫情防控阻击战，全力支持医疗机构做好疫情防控相关工作，生态环境部就做好新冠肺炎疫情防控中医疗机构辐射安全监管服务保障工作发出通知。

09

2 月
01 日
2020

点击查看

生态环境部印发通知要求各地生态环境部门做好新冠肺炎疫情医疗污水和城镇污水监管工作

为贯彻落实习近平总书记关于防控新冠肺炎疫情的重要指示精神和党中央国务院决策部署，生态环境部于2020年2月1日印发《关于做好新型冠状病毒感染的肺炎疫情医疗污水和城镇污水监管工作的通知》及《新型冠状病毒污染的医疗污水应急处理技术方案（试行）》，安排部署医疗污水和城镇污水监管工作，规范医疗污水应急处理、杀菌消毒要求，防止新型冠状病毒通过粪便和污水扩散传播。

10

2 月
04 日
2020

点击查看

生态环境部部长调研考察北京市医疗废物处置情况

2月4日，生态环境部党组书记、部长李干杰带队在北京市调研考察医疗废物处置情况，指导做好新冠肺炎疫情医疗废物处置等相关环保工作。

11 生态环境部召开部党组（扩大）会议暨应对新冠肺炎疫情工作领导小组会议

2 月
06 日
2020

点击查看

2月4日晚，生态环境部党组书记、部长李干杰主持召开部党组（扩大）会议暨应对新冠肺炎疫情工作领导小组会议，传达学习贯彻习近平总书记在中共中央政治局常委会会议上关于加强新冠肺炎疫情防控工作的重要讲话精神、中央应对疫情工作领导小组会议精神，研究部署继续做好疫情防控相关环保工作。

12 全国生态环境系统加强新冠肺炎疫情防控相关环保工作视频会议召开

2 月
07 日
2020

点击查看

2月6日，全国生态环境系统加强新冠肺炎疫情防控相关环保工作视频会议召开。生态环境部党组书记、部长、疫情应对工作领导小组组长李干杰出席会议并讲话。他强调，要深入学习贯彻习近平总书记重要指示批示精神，认真落实党中央、国务院决策部署，全力以赴做好疫情防控相关环保工作，为坚决打赢疫情防控阻击战提供坚强有力的支撑保障。

13

生态环境部召开疫情应对工作领导小组会议

2 月
12 日
2020

点击查看

2月12日，生态环境部党组书记、部长、疫情应对工作领导小组组长李干杰主持召开疫情应对工作领导小组会议，传达学习贯彻习近平总书记在北京市调研指导新冠肺炎疫情防控工作时的重要讲话精神，研究部署继续做好疫情防控相关环保工作。

14

生态环境部全力推进全国医疗废物安全处置支撑打赢疫情防控阻击战

2 月
13 日
2020

点击查看

新冠肺炎疫情发生以来，生态环境部高度重视，认真贯彻落实习近平总书记重要指示批示精神，坚持疫情就是命令、防控就是责任，按照中央应对疫情工作领导小组安排部署，把疫情防控作为当前重大政治任务、最重要工作和头等大事来抓，坚持底线思维，积极推进疫情医疗废物安全处置等各项环境监管工作，全力为打赢疫情防控阻击战提供支撑保障。

15 生态环境部部长调研检查生态环境部直属单位新冠肺炎疫情防控工作

2 月
13 日
2020

点击查看

2月13日，生态环境部党组书记、部长、疫情应对工作领导小组组长李干杰在北京调研检查部直属单位新冠肺炎疫情防控工作落实情况。他强调，要全力以赴推进疫情防控各项工作，统筹谋划打赢疫情防控阻击战和污染防治攻坚战，为决胜全面建成小康社会作出应有贡献。

16 生态环境部召开疫情应对工作领导小组会议

2 月
19 日
2020

点击查看

2月19日，生态环境部党组书记、部长、疫情应对工作领导小组组长李干杰主持召开疫情应对工作领导小组会议，传达学习贯彻习近平总书记在中共中央政治局常委会会议、中央全面深化改革委员会第十二次会议上的重要讲话精神以及中央应对疫情工作领导小组会议精神，研究部署继续做好疫情防控相关环保工作。

17

生态环境部召开在京单位新冠肺炎疫情内部防控工作视频会

2月20日，生态环境部召开在京单位新冠肺炎疫情内部防控工作视频会，进一步强调内部防控规定要求，压实防控工作责任。生态环境部副部长庄国泰主持会议并讲话。

18

生态环境部公布新冠肺炎疫情发生以来生态环境质量监测结果

新冠肺炎疫情发生以来，全国各级生态环境部门按照党中央、国务院统一部署，做到守土有责、守土担责、守土尽责，认真做好空气、地表水，尤其是饮用水水源地等生态环境质量监测工作。总体来看，全国城市环境空气、地表水、饮用水水源地环境质量保持稳定，生态环境质量未受疫情影响。

19 国家生态环境科技成果转化综合服务平台全力支持疫情防控阻击战

2 月
25 日
2020

点击查看

　　国家生态环境科技成果转化综合服务平台在疫情防控期间积极按照党中央、国务院的部署，落实部党组的工作安排，围绕医疗废水、废弃物安全处理处置的问题，强化协调调度和技术服务能力，确保服务落地见效，全力为做好疫情防控相关环保工作提供支持。

20 生态环境部召开部党组（扩大）会议暨疫情应对工作领导小组会议

2 月
26 日
2020

点击查看

　　2月25日，生态环境部党组书记、部长、疫情应对工作领导小组组长李干杰主持召开部党组（扩大）会议暨疫情应对工作领导小组会议，传达学习贯彻习近平总书记在统筹推进新冠肺炎疫情防控和经济社会发展工作部署会议上的重要讲话精神、中央应对疫情工作领导小组会议精神，听取全国生态环境系统疫情防控相关环保工作情况、部系统内部疫情防控工作情况汇报，审议通过生态环境部2月下旬至3月底的日常工作计划、《关于统筹做好疫情防控和经济社会发展环保工作的指导意见》的起草思路和安排。

21

2 月
28 日
2020

生态环境部召开疫情应对工作领导小组会议

2月27日，生态环境部党组书记、部长、疫情应对工作领导小组组长李干杰主持召开疫情应对工作领导小组会议，传达学习习近平总书记在中央政治局常委会会议上的重要讲话精神和中央应对疫情工作领导小组会议精神，研究部署进一步做好疫情防控相关工作。

22

3 月
05 日
2020

生态环境部印发《关于统筹做好疫情防控和经济社会发展生态环保工作的指导意见》

为深入贯彻习近平总书记关于统筹推进新冠肺炎疫情防控和经济社会发展的重要指示批示精神以及党中央、国务院部署要求，生态环境部近日印发实施《关于统筹做好疫情防控和经济社会发展生态环保工作的指导意见》，统筹疫情防控、经济社会发展和生态环境保护三者的关系，把握总体平衡，全力以赴做好疫情防控相关环保工作，主动服务"六稳"，积极支持企业复工复产，确保完成"十三五"和污染防治攻坚战阶段性目标任务。

23

3 月
05 日
2020

点击查看

生态环境部直属机关团委发出号召：在疫情防控阻击战中打造生态环保青年铁军

　　新冠肺炎疫情发生以来，习近平总书记作出一系列重要指示，党中央、国务院作出重大部署，生态环境部党组高度重视、积极贯彻。共青团作为党领导的先进青年的群团组织，必须带头坚决贯彻党中央的要求，充分展现党的助手和后备军的担当，充分展现青年生力军和突击队的作为。生态环境部直属机关各级团（青年）组织和广大青年要挺身而出、冲锋在前，为坚决打赢疫情防控阻击战贡献力量。生态环境部直属机关团委发出号召：党旗所指就是团旗所向！在疫情防控斗争中打造生态环保青年铁军！

24

3 月
05 日
2020

点击查看

生态环境部召开疫情应对工作领导小组会议

　　3月4日，生态环境部党组书记、部长、疫情应对工作领导小组组长李干杰顺利完成出访任务回到北京，当即主持召开部疫情应对工作领导小组会议，传达学习贯彻习近平总书记在北京考察新冠肺炎防控科研攻关工作时的重要指示精神、中央应对疫情工作领导小组会议和国务院常务会议精神，研究部署生态环境部门统筹做好疫情防控和经济社会发展的生态环保工作。

25

3 月
10 日
2020

生态环境部召开部党组（扩大）会议暨部疫情应对工作领导小组会议

3月9日，生态环境部党组书记、部长、疫情应对工作领导小组组长李干杰主持召开部党组（扩大）会议暨部疫情应对工作领导小组会议，传达学习习近平总书记在中央政治局常委会会议和决战决胜脱贫攻坚座谈会上的重要讲话精神，以及李克强总理主持召开的中央应对疫情工作领导小组会议精神，听取疫情防控相关工作情况、2019年生态环境部定点扶贫工作进展及2020年工作安排的汇报，研究部署如何进一步做好相关工作。

26

3 月
17 日
2020

当战"疫"打响，环境执法人在一线

疫情就是命令，防控就是责任。当战"疫"打响，生态环境执法队伍冲锋在一线。他们走进定点医疗机构，走进医疗废物废水处置单位，确保涉疫情医疗废物、废水得到及时收集、转运、处理处置，确保饮用水水源地安全，为生态环境保护筑起一道坚实防线。他们以生态环保铁军的过硬作风诠释着自己的职责和担当，用平凡的行动汇聚起不平凡的力量。

27

3 月
18-25 日
2020

点击查看

点击查看

为战"疫"助力，生态环境部离退休干部党委主题党日活动作品展示

在疫情防控的关键阶段，生态环境部离退休干部党委认真贯彻落实部党组坚决打赢疫情防控总体战、阻击战的部署，结合实际开展了"支部统一组织，党员线上参加"的网上党日活动，各离退休党支部全体同志积极参与，通过微信群交流分享书法、绘画、剪纸、摄影以及随笔和诗词等原创作品，他们以笔为枪，用艺术作品为抗击疫情助力。

28

3 月
19 日
2020

点击查看

守土有责、守土尽责　监测人在"疫"线

新冠肺炎疫情发生以来，广大环境监测人员不畏艰险、冲锋在前，把疫情防控一线作为践行初心使命的主战场，全身心投入到疫情防控和生态环境监测工作中，留下了一幕幕动人的场景、一幅幅生动的照片、一个个感人的事迹，充分展现了生态环境保护铁军先锋队的担当和作为，为打赢疫情防控阻击战和污染防治攻坚战提供了有力支撑。

29

3 月
30 日
2020

点击查看

生态环境部召开部党组（扩大）会议暨部疫情应对工作领导小组会议

3月30日，生态环境部党组书记、部长、疫情应对工作领导小组组长李干杰主持召开部党组（扩大）会议暨部疫情应对工作领导小组会议，传达学习贯彻习近平总书记在二十国集团领导人应对新冠肺炎特别峰会上的重要讲话和中央政治局会议精神、中央应对疫情工作领导小组会议精神，学习贯彻中央纪委国家监委有关简报文件精神，审议并原则通过生态环境部4月工作计划。

30

4 月
13 日
2020

点击查看

生态环境部召开疫情应对工作领导小组（扩大）会议

4月13日，生态环境部副部长黄润秋主持召开部疫情应对工作领导小组会议，传达习近平总书记重要讲话和中央政治局常委会会议精神，中央应对疫情工作领导小组会议精神，研究部署持续做好疫情防控相关工作；传达学习全国安全生产电视电话会议精神，听取黑龙江伊春"3·28"鹿鸣矿业公司尾矿库泄漏事故应急处置阶段性进展情况汇报。

31 生态环境部召开疫情应对工作领导小组（扩大）会议

4 月
20 日
2020

点击查看

4月20日，生态环境部副部长黄润秋主持召开部疫情应对工作领导小组（扩大）会议，传达学习中共中央政治局会议精神、中央应对疫情工作领导小组会议精神，研究部署持续做好疫情防控相关工作。

32 生态环境部召开部党组（扩大）会议暨疫情应对工作领导小组会议

4 月
28 日
2020

点击查看

4月27日，生态环境部党组书记、疫情应对工作领导小组组长孙金龙主持召开部党组（扩大）会议暨疫情应对工作领导小组会议，传达学习习近平总书记在陕西省考察期间的重要讲话和重要指示精神，传达中央应对疫情工作领导小组会议精神，研究部署持续做好疫情防控相关工作。

33

5 月
07 日
2020

点击查看

生态环境部召开部常务会议暨部疫情应对工作领导小组会议

5月7日，生态环境部部长、疫情应对工作领导小组组长黄润秋主持召开生态环境部常务会议暨部疫情应对工作领导小组会议，传达学习中共中央政治局常务委员会会议精神、中央应对疫情工作领导小组会议精神，研究部署持续做好疫情防控相关工作，审议并原则通过生态环境部5月工作安排。生态环境部党组书记、疫情应对工作领导小组组长孙金龙出席会议。

34

5 月
21 日
2020

点击查看

生态环境部召开疫情应对工作领导小组（扩大）会议

5月21日，受生态环境部党组书记、疫情应对工作领导小组组长孙金龙委托，生态环境部副部长、疫情应对工作领导小组副组长庄国泰主持召开部疫情应对工作领导小组（扩大）会议，传达学习贯彻中央应对疫情工作领导小组会议精神，研究部署相关工作。

35 全国医疗废物、医疗废水处理处置环境监管情况

3 月 6 月
06 日 08 日
2020

　　新冠肺炎疫情发生以来，生态环境部深入贯彻落实习近平总书记重要指示批示和重要讲话精神，按照党中央、国务院决策部署，加强指导帮扶，抓实抓细医疗废物、医疗废水环境监管"两个全覆盖"，确保疫情医疗废物、医疗废水得到及时、有效的收集、转运、处理、处置。目前，全国疫情医疗废物、医疗废水处理处置平稳有序。

36

6 月
09 日
2020

点击查看

生态环境部印发《关于在疫情防控常态化前提下积极服务落实"六保"任务　坚决打赢打好污染防治攻坚战的意见》

　　生态环境部近日印发实施《关于在疫情防控常态化前提下积极服务落实"六保"任务　坚决打赢打好污染防治攻坚战的意见》。该意见顺应疫情防控常态化新形势，积极服务落实"六保"任务，精准扎实推进生态环境治理，确保如期完成全面建成小康社会、"十三五"规划以及污染防治攻坚战阶段性目标任务。

GONG

中央生态环境
保护督察

攻坚 / @生态环境部
在2020

JIAN

01 第二轮第一批中央生态环境保护督察情况反馈

5 月
08-12 日
2020

中央第一生态环境保护督察组向上海市反馈督察情况

中央第二生态环境保护督察组向福建省反馈督察情况

中央第三生态环境保护督察组向海南省反馈督察情况

中央第四生态环境保护督察组向重庆市反馈督察情况

中央第五生态环境保护督察组向甘肃省反馈督察情况

中央第六生态环境保护督察组向青海省反馈督察情况

中央第七生态环境保护督察组向中国五矿集团有限公司反馈督察情况

中央第八生态环境保护督察组向中国化工集团有限公司反馈督察情况

02

第二轮第二批中央生态环境保护督察近日将全面启动

8 月
27 日
2020

经党中央、国务院批准，第二轮第二批中央生态环境保护督察将于近日全面启动。目前，已组建7个中央生态环境保护督察组，组长由张宝顺、焦焕成、耿惠昌、黄龙云、蒋巨峰、李家祥、于广洲同志担任，副组长由生态环境部副部长翟青、赵英民、刘华同志担任，分别负责对北京、天津、浙江3个省（市），中国铝业集团有限公司、中国建材集团有限公司2家中央企业开展督察进驻工作，并对国家能源局、国家林业和草原局2个部门开展督察试点。督察进驻时间约为1个月。

03

中央生态环境保护督察办公室致函要求统筹做好常态化疫情防控、经济社会发展和生态环境保护督察工作

8 月
28 日
2020

为统筹做好常态化疫情防控、经济社会发展和生态环境保护督察工作，8月21日，中央生态环境保护督察办公室专门致函北京、天津、浙江3个省（市），国家能源局、国家林业和草原局2个部门，以及中国铝业集团有限公司、中国建材集团有限公司2家企业，要求坚决贯彻落实中央决策部署，有力有序地推进边督边改，禁止搞"一刀切"和"滥问责"，并简化督察接待安排，切实减轻基层负担。

04

生态环境部召开专题会议 听取第二轮第二批中央生态环境保护督察准备情况汇报

8 月
28 日
2020

点击查看

8月28日，生态环境部党组书记孙金龙主持召开专题会议，听取第二轮第二批中央生态环境保护督察准备情况汇报，明确督察进驻有关要求，确保高质量完成督察任务。生态环境部部长黄润秋出席会议。

05

第二轮第二批中央生态环境保护督察全部实现督察进驻

9 月
01 日
2020

点击查看

9月1日下午，中央第三生态环境保护督察组进驻浙江省开展中央生态环境保护督察工作动员会在杭州召开。至此，第二轮第二批7个中央生态环境保护督察组全部实现督察进驻。

06 第二轮第二批中央生态环境保护督察组进驻动员会

8月-9月
30日 01日
2020

中央第一生态环境保护督察组督察北京市动员会在北京召开

中央第二生态环境保护督察组督察天津市动员会在天津召开

中央第三生态环境保护督察组督察浙江省动员会在杭州召开

中央第四生态环境保护督察组督察中国铝业集团有限公司动员会在北京召开

中央第五生态环境保护督察组督察中国建材集团有限公司动员会在北京召开

中央第六生态环境保护督察组督察国家能源局动员会在北京召开

中央第七生态环境保护督察组督察国家林业和草原局动员会在北京召开

07 第二轮第二批中央生态环境保护督察进入下沉工作阶段

9 月
12 日
2020

点击查看

经党中央、国务院批准，第二轮第二批7个中央生态环境保护督察组于2020年8月30日至9月1日陆续进驻北京、天津、浙江3个省（市）和中国铝业集团有限公司、中国建材集团有限公司2家中央企业开展督察，并对国家能源局、国家林业和草原局2个部门开展督察试点。截至9月11日，各督察组均已进入下沉工作阶段。

08 各督察组组长深入一线推进中央生态环境保护督察工作

9 月
20 日
2020

点击查看

第二轮第二批中央生态环境保护督察进驻以来，各督察组组长身体力行、率先垂范，深入学习贯彻习近平生态文明思想，坚决扛起政治责任，把握督察方向，狠抓队伍建设，带领督察组扎实开展工作。在各督察组组长的带领下，第二轮第二批中央生态环境保护督察顺利进驻，各项督察工作有序开展，并取得较好的督察效果，特别是推动解决了一批群众身边的生态环境问题，获得人民群众的认可和称赞。

09 第二轮第二批中央生态环境保护督察完成下沉工作任务

9 月
22 日
2020

点击查看

经党中央、国务院批准，第二轮第二批7个中央生态环境保护督察组于2020年8月30日至9月1日陆续进驻北京、天津、浙江3个省（市）和中国铝业集团有限公司、中国建材集团有限公司2家中央企业开展督察，并对国家能源局、国家林业和草原局2个部门开展督察试点。截至9月21日，各督察组已基本完成下沉工作任务。

10 第二轮第二批中央生态环境保护督察全面完成督察进驻工作

10 月
03 日
2020

点击查看

经党中央、国务院批准，第二轮第二批7个中央生态环境保护督察组于2020年8月30日至9月1日陆续进驻北京、天津、浙江3个省（市）和中国铝业集团有限公司、中国建材集团有限公司2家中央企业开展督察，并对国家能源局、国家林业和草原局2个部门开展督察试点。截至10月1日20：00，全面完成督察进驻工作。

11

第二轮第二批中央生态环境保护督察通报
典型案例

第二轮第二批中央生态环境保护督察组根据掌握的情况和聚焦的问题线索，深入基层、深入一线、深入现场，采取暗查暗访和蹲点调研方式开展工作，查实了一批违法排污、违规倾倒、毁坏林地、侵占湿地、破坏生态等突出生态环境问题，核实了一批不作为、慢作为，不担当、不碰硬，甚至敷衍应对、弄虚作假等形式主义、官僚主义问题。为发挥警示作用，切实推动问题整改，督察组对发现的部分典型案例予以公开通报。

中铝广西稀土整改不到位　环境污染问题突出

中国建材集团浩源水泥有限公司环境污染严重

北京玉盛祥石材有限责任公司无证开采毁坏大片林地

天津津南区大韩庄垃圾填埋场渗滤液污染问题突出

浙江台州市椒江近岸海域污染严重

北京市拒马河自然保护区八渡水文站变身经营性酒店

天津市东丽区供热企业临时编造台账应付督察

浙江衢州绿色产业集聚区环境违法问题突出

霍东煤炭矿区总体规划把关不严 霍泉水源违规开采问题突出

察汗淖尔湿地保护修复亟待加大工作力度

中国铝业集团包头铝业有限公司环境管理粗放 污染扰民问题突出

中国建材集团（漳县）祁连山水泥有限公司长期越界开采，披"迷彩服"假装恢复治理

北京市平谷区洳河污水处理厂污泥处置乱象丛生

天津市青凝侯污泥填埋场污泥违规处置危害环境

浙江省金华市磐安县耕地占补平衡变形走样 存在毁林造地问题

GONG

法规与标准

JIAN

攻坚 / @生态环境部
在2020

01

2 月
13 日
2020

点击查看

生态环境部环境影响评价与排放管理司负责人就《污染源源强核算技术指南 汽车制造》等2项标准有关问题答记者问

生态环境部近日发布了汽车制造、陶瓷制品制造2个行业污染源源强核算技术指南国家环境保护标准。生态环境部环境影响评价与排放管理司有关负责人就2项标准的编制背景、主要内容、行业特点和实施重点回答了记者的提问。

02

2 月
17 日
2020

点击查看

生态环境部召开部务会议

2月17日，生态环境部部长李干杰主持召开生态环境部部务会议，审议并原则通过了《生态环境监测条例（草案）》、《放射性同位素与射线装置安全和防护条例（修正案草案）》和修订的《新化学物质环境管理登记办法》，听取了有关《建设用地土壤污染责任人认定暂行办法》《农用地土壤污染责任人认定暂行办法》制定情况的汇报。

03 生态环境部发布我国首个生态环境基准

3 月
03 日
2020

点击查看

　　日前，生态环境部发布我国首个生态环境基准——《淡水水生生物水质基准——镉》（2020年版）（公告2020年11号）及其技术报告。

04 专家解答《淡水水生生物水质基准——镉》（2020 年版）有关问题

3 月
03 日
2020

点击查看

　　2月28日，生态环境部发布了《淡水水生生物水质基准——镉》（2020年版），这是我国第一个国家生态环境基准。中国环境科学研究院吴丰昌院士和有关专家就基准的出台意义等问题进行了解答。

05 生态环境部召开部常务会议

4 月
04 日
2 0 2 0

点击查看

　　4月3日，生态环境部部长李干杰主持召开生态环境部常务会议，审议并原则通过了《铀矿冶辐射防护与辐射环境保护规定（修订）》《直流输电工程合成电场限值及其监测方法》《关于行政复议与应诉工作中发现的依法行政问题及工作建议的报告》，听取了"十四五"生态环境保护规划思路的汇报。

06 生态环境部发布国家生态环境基准《淡水水生生物水质基准——氨氮》（2020年版）及其技术报告

4 月
10 日
2 0 2 0

点击查看

　　日前，生态环境部发布我国生态环境基准《淡水水生生物水质基准——氨氮》（2020年版）（公告2020年24号），这是继我国首个生态环境基准《淡水水生生物水质基准——镉》（2020年版）发布之后的第二个国家生态环境基准。

07 生态环境部发布《环境空气质量数值预报技术规范》等4项国家生态环境保护标准

5 月
21 日
2020

点击查看

为进一步完善国家生态环境保护标准体系，近日生态环境部发布了《环境空气质量数值预报技术规范》（HJ 1130—2020）、《固定污染源废气 二氧化硫的测定 便携式紫外吸收法》（HJ 1131—2020）、《固定污染源废气 氮氧化物的测定 便携式紫外吸收法》（HJ 1132—2020）和《环境空气和废气 颗粒物中砷、硒、铋、锑的测定 原子荧光法》（HJ 1133—2020）4项国家生态环境监测类标准。4项标准均为首次发布，主要涉及环境空气质量数值预报与环境空气、固定污染源废气监测领域，配套相关环境空气质量标准与污染物排放标准实施，支撑打赢蓝天保卫战。

08 生态环境部修订印发《生态环境部约谈办法》

8 月
27 日
2020

点击查看

生态环境部近日发出通知，印发并实施新修订的《生态环境部约谈办法》（以下简称《约谈办法》）。修订后的《约谈办法》由十三条调整为六章二十六条，确立了约谈原则，梳理了约谈情形，规范了约谈流程，明确了约谈整改要求。

09

生态环境部召开部常务会议

9 月
09 日
2020

9月8日，生态环境部部长黄润秋主持召开生态环境部常务会议，审议并原则通过《自然保护地生态环境监管工作暂行办法》《关于严惩弄虚作假提高环评质量的意见》《关于优化小微企业项目环评工作的意见》。生态环境部党组书记孙金龙出席会议。

10

生态环境部召开全国生态环境损害赔偿制度改革工作推进视频会议

9 月
22 日
2020

9月22日，全国生态环境损害赔偿制度改革工作推进视频会议召开，总结全国试行生态环境损害赔偿制度改革工作进展情况，交流工作经验，推进改革工作进一步深化。生态环境部副部长赵英民出席会议并讲话。

11 生态环境部召开部常务会议

11月
03 日
2020

点击查看

  11月3日，生态环境部部长黄润秋主持召开部常务会议，审议并原则通过《"十四五"国家地表水监测及评价方案（试行）》以及《电子工业水污染物排放标准》《铸造工业大气污染物排放标准》等标准或标准修改单。

12 生态环境部召开部务会议

11月
05 日
2020

点击查看

  11月5日，生态环境部部长黄润秋主持召开部务会议，审议并原则通过制修订的《国家危险废物名录》、《建设项目环境影响评价分类管理名录（2020年版）》、《生态环境部建设项目环境影响报告书（表）审批程序规定》、《核动力厂营运单位核安全报告规定》和《生态环境标准管理办法》。

13

12 月
10 日
2020

点击查看

生态环境部召开部常务会议

12月10日，生态环境部部长黄润秋主持召开部常务会议，审议并原则通过《2020年11月份生态环境重点工作进展分析报告（送审稿）》和《农田灌溉水质标准》。生态环境部党组书记孙金龙出席会议。

14

12 月
23 日
2020

点击查看

《固定污染源废气 醛、酮类化合物的测定 溶液吸收-高效液相色谱法》等 15 项国家 环境保护标准发布

生态环境部自组建以来，坚决贯彻落实国务院机构改革精神，强化统一监测评估职责，持续完善国家环境保护标准体系。近日，为规范新转隶的地下水与海洋环境监测职能，统一地下水与近岸海域环境监测标准，生态环境部发布《地下水环境监测技术规范》（HJ 164—2020）和《近岸海域环境监测技术规范》（第一部分～第十部分）（HJ 442.（1～10）—2020）等11项国家环境保护标准。为推进细颗粒物（PM$_{2.5}$）与臭氧（O$_3$）的协同控制，规范挥发性有机物（VOC）组分监测工作，生态环境部发布《固定污染源废气 醛、酮类化合

物的测定　溶液吸收-高效液相色谱法》（HJ 1153—2020）、《环境空气　醛、酮类化合物的测定　溶液吸收-高效液相色谱法》（HJ 1154—2020）2项国家环境保护标准。为完善水环境质量基本项目与特征污染物监测标准，生态环境部发布《水质　pH值的测定　电极法》（HJ 1147—2020）、《水质　硝基酚类化合物的测定　气相色谱-质谱法》（HJ 1150—2020）2项国家环境保护标准。

新发布的15项国家环境保护标准，切实满足了我国经济社会发展和生态环境监管工作需要，引领大气、水与地下水、近岸海域环境监测技术发展，服务生态环境管理工作，为提升生态环境监测数据质量、深入打好污染防治攻坚战提供了有力的技术支撑。

15 生态环境部发布国家生态环境基准《淡水水生生物水质基准——苯酚》（2020年版）及其技术报告

12 月
24 日
2020

日前，生态环境部发布国家生态环境基准《淡水水生生物水质基准——苯酚》（2020年版）（公告2020年70号）。该基准由生态环境部法规与标准司组织制定，中国环境科学研究院依据《淡水水生生物水质基准制定技术指南》（HJ 831—2017）起草。生态环境部法规与标准司已组织完成镉、氨氮和苯酚3项污染物的淡水水生生物水质基准制定工作。

16

12 月
24 日
2020

专家解读《淡水水生生物水质基准——苯酚》（2020年版）有关问题

12月23日，生态环境部发布了《淡水水生生物水质基准——苯酚》（2020年版），有关专家就相关问题进行了解答。

17

12 月
26 日
2020

生态环境部召开部务会议

12月25日，生态环境部部长黄润秋主持召开部务会议，审议并原则通过《关于废止、修改部分生态环境规章和规范性文件的决定》、《关于废止固体废物进口相关规章和规范性文件的决定》、《核动力厂管理体系安全规定》和《民用核设施操纵人员资格管理规定》等。生态环境部党组书记孙金龙出席会议。

18

12 月
30 日
2020

点击查看

生态环境部发布国家生态环境基准《湖泊营养物基准——中东部湖区（总磷、总氮、叶绿素 a)》（2020 年版）及其技术报告

12月30日，生态环境部发布国家生态环境基准《湖泊营养物基准——中东部湖区（总磷、总氮、叶绿素 a）》（2020年版）（公告2020年77号）。这是我国首个关于地表水体中营养物的生态环境基准。湖泊富营养化是全球水环境面临的严峻问题之一，湖泊营养物基准是对湖泊富营养化进行评估、预防和治理的科学基础。

19

12 月
30 日
2020

点击查看

专家解答《湖泊营养物基准——中东部湖区（总磷、总氮、叶绿素 a)》（2020 年版）有关问题

12月30日，生态环境部发布了《湖泊营养物基准——中东部湖区（总磷、总氮、叶绿素 a）》（2020年版），这是我国第一个湖泊营养物基准。国家生态环境基准专家委员会委员和有关专家就湖泊营养物基准相关问题进行了解答。

20

31 日
2020

生态环境部和国家市场监督管理总局联合发布6项生态环境损害鉴定评估技术标准

12月29日，生态环境部和国家市场监督管理总局联合发布了《生态环境损害鉴定评估技术指南　总纲和关键环节　第1部分：总纲》（GB/T 39791.1—2020）等6项生态环境损害鉴定评估技术标准，明确了生态环境损害鉴定评估的一般性原则、程序、内容、方法，并针对损害调查等重点环节和土壤、地下水、地表水、沉积物、大气等环境要素的特点分别提出了规范性技术要求。

21

12 月
31 日
2020

专家解读6项生态环境损害鉴定评估新标准

12月29日，生态环境部和国家市场监督管理总局联合发布了《生态环境损害鉴定评估技术指南　总纲和关键环节　第1部分：总纲》等6项标准。为便于相关各方更好地理解和使用，标准编制组专家就这6项标准的相关问题进行了专题解读。

GONG

自然生态环境保护

攻坚／@生态环境部
在2020

JIAN

01

2020年联合国生物多样性大会会标发布

1 月
09 日
2020

点击查看

　　1月9日，生态环境部部长李干杰与《生物多样性公约》代理执行秘书伊丽莎白·穆雷玛女士在北京共同发布了2020年联合国生物多样性大会（COP15）会标。COP15会标以不同元素组成"水滴"形状，融合中国传统文化和各种自然符号，充分体现了生物多样性和文化多样性，契合大会主题"生态文明：共建地球生命共同体"，完美诠释了《生物多样性公约》人与自然和谐共生的2050年愿景和全球共建生态文明的愿望。

02

生态环境部组织完成秦岭区域 25 处国家级自然保护区保护成效评估工作

4 月
28 日
2020

点击查看

　　秦岭是我国生物多样性保护优先区域之一，也是国家重点生态功能区，具有水源涵养、生物多样性保护及水土保持等重要生态服务功能，是国家重要生的态安全屏障。习近平总书记高度关注秦岭生态环境保护情况，并多次作出重要批示指示。为深入贯彻落实习近平生态文明思想，加大生态保护力度，加强生态环境监管，完善秦岭区域长效保护机制，2019年，生态环境部组织对秦岭区域河南、陕西、甘肃三省25处国家级自然保护区开展了保护成效评估。近日，生态环境部向有关地方反馈评估结果，督促问题整改。下一步，生态环境部将持续完善自然保护地保护成效评估制度，加强自然保护地生态环境监管，推动自然保护地生态环境监测网络建设，不断提升我国自然保护地生态环境保护成效。

03 《生物多样性公约》第十五次缔约方大会（COP15）主题口号征集邀您参加

4 月
29 日
2020

联合国《生物多样性公约》第十五次缔约方大会（COP15）将在我国召开，主题为"生态文明：共建地球生命共同体"。为倡导生物多样性保护、传播生态文明理念，COP15筹备工作执行委员会决定，自即日起至2020年12月31日开展"《生物多样性公约》第十五次缔约方大会（COP15）主题宣传口号"征集活动。

04 生态环境部正式启用自然保护地人类活动监管系统

5 月
19 日
2020

生态环境部正式启用自然保护地人类活动监管系统。自2016年起，生态环境部卫星环境应用中心利用高分辨率卫星遥感监测技术对全部国家级和省级自然保护区的人类活动进行定期监测，初步构建了疑似问题线索"遥感发现—地面核查—监督执法"的主动发现监管体系。

05

2020 年"国际生物多样性日"宣传活动在北京举办

5 月
21 日
2020

5月20日，2020年"国际生物多样性日"宣传活动在北京举办。中共中央政治局常委、国务院总理李克强对活动作出重要批示，充分肯定了我国生物多样性保护取得的明显成效，对进一步推进该工作提出了明确要求。

《生物多样性公约》第十五次缔约方大会（COP15）将由中国主办，在云南昆明举行。2020年"国际生物多样性日"重点围绕大会主题"生态文明：共建地球生命共同体"开展系列宣传活动。生态环境部部长黄润秋发表书面讲话。

06

外交部等部门领导出席 2020 年"国际生物多样性日"宣传活动并做主题发言

5 月
22 日
2020

5月20日，生态环境部在北京举办2020年"国际生物多样性日"宣传活动，生态环境部气候变化事务特别顾问解振华、外交部副部长罗照辉、云南省人民政府副省长王显刚、自然资源部国土空间生态修复司司长周远波、农业农村部总畜牧师马有祥，以及中国石油天然气集团有限公司党组成员、副总经理段良伟和桃花源生态保护基金会副总裁马剑出席活动并做主题发言。

07

5 月
22 日
2020

点击查看

《生物多样性公约》代理执行秘书伊丽莎白·穆雷玛为 2020 年"国际生物多样性日"宣传活动致辞

《生物多样性公约》代理执行秘书伊丽莎白·穆雷玛在致辞中指出，国际生物多样性日让我们有机会致敬地球上生命的多样性，也是一个契机让我们感激大自然对我们日常生活不计其数的馈赠，并思考它是如何将我们联系在一起的。2020 年的国际生物多样性日也明确提醒我们，需要紧急、全面的国际合作来保护自然，保护生物多样性，促进其可持续利用，从而保护人类和地球的健康，造福子孙后代。

08

5 月
22 日
2020

点击查看

生态环境部部长黄润秋受邀为"5·22 国际生物多样性日"发表视频讲话

5月22日是国际生物多样性日，《生物多样性公约》（以下简称《公约》）秘书处将举行系列宣传活动，受《公约》代理执行秘书伊丽莎白·穆雷玛女士的邀请，生态环境部部长黄润秋向该活动发表视频讲话。

09

7 月
17 日
2020

点击查看

2020 年联合国可持续发展高级别政治论坛生物多样性边会召开　生态环境部部长黄润秋发表视频讲话

在联合国可持续发展高级别政治论坛召开期间，7月15日，《生物多样性公约》秘书处通过视频会议方式召开了主题为"实现可持续发展，生物多样性行动刻不容缓"的边会，来自埃及、德国、哥斯达黎加等国的政府部门，以及联合国环境规划署、开发计划署、粮食及农业组织等机构的代表参加了会议。黄润秋表示，中国政府一贯高度重视生物多样性保护，珍视其对可持续发展的重要意义；中国遵循习近平生态文明思想，强调尊重自然、顺应自然、保护自然，坚持绿水青山就是金山银山的发展理念，坚持生态优先、绿色发展，生物多样性保护取得显著成效。

10

9 月
12 日
2020

点击查看

生态环境部部长以视频形式会见法国生态转型与团结部部长

生态环境部部长黄润秋近日在北京以视频形式会见法国生态转型与团结部部长芭芭拉·蓬皮利女士。双方就《生物多样性公约》第十五次缔约方大会（COP15）与世界自然保护大会协同增效、共同应对气候变化等议题进行了交流。

11

9 月
12 日
2020

点击查看

"重建更美好"在线会议召开　生态环境部部长黄润秋发表视频讲话

　　《生物多样性公约》第十四次缔约方大会主席国埃及与《生物多样性公约》秘书处联合主办的"重建更美好：保护生物多样性、防治土地退化、抗击气候变化，减少未来大流行病的风险"在线会议于9月10日召开。《生物多样性公约》《联合国气候变化框架公约》《联合国防治荒漠化公约》的执行秘书，全球环境基金首席执行官，联合国环境规划署、开发计划署、粮食及农业组织、世界卫生组织等国际机构代表，以及《联合国防治荒漠化公约》第十四次缔约方大会主席国印度、《联合国气候变化框架公约》第二十五次缔约方大会主席国智利的代表参加了会议。生态环境部部长黄润秋应邀为会议录制视频讲话。

12

9 月
21 日
2020

点击查看

中国发布联合国生物多样性峰会中方立场文件《共建地球生命共同体：中国在行动》

　　联合国计划于9月30日举办生物多样性峰会。我国外交部和生态环境部于9月21日联合发布了峰会中方立场文件《共建地球生命共同体：中国在行动》，从生态文明思想、国内政策措施、促进可持续发展、全社会广泛参与、全球生物多样性治理和国际交流与合作等方面系统阐述了我国生物多样性保护的经验、成就和立场、主张。

13

9 月
25 日
2020

点击查看

生态环境部部长黄润秋主持召开"2020 年后生物多样性展望：共建地球生命共同体"部长级在线圆桌会

9月24日，生态环境部部长黄润秋主持召开"2020年后生物多样性展望：共建地球生命共同体"部长级在线圆桌会。该会议就生物多样性与可持续发展、2020年后生物多样性全球治理开展深入对话和交流，进一步凝聚各方共识，为将于9月30日召开的联合国生物多样性峰会助力。

14

9 月
26 日
2020

生态环境部发布"2020 年后生物多样性展望：共建地球生命共同体"部长级在线圆桌会宣传片

点击查看

"2020 年后生物多样性展望：共建地球生命共同体"部长级在线圆桌会宣传片

15 生态环境部部长黄润秋出席"关注自然，呵护生命"系列在线活动并致辞

9 月
29 日
2020

点击查看

9月24日至29日，应联合国开发计划署署长施泰纳和《生物多样性公约》执行秘书伊丽莎白·穆雷玛女士邀请，生态环境部部长黄润秋以录制视频的方式出席由联合国开发计划署与联合国环境规划署、《生物多样性公约》秘书处共同举办的"关注自然，呵护生命"系列在线活动并致辞。

16 生态环境部命名第四批国家生态文明建设示范市县

10 月
13 日
2020

点击查看

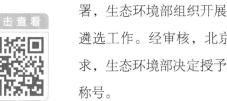

为贯彻习近平生态文明思想和全国生态环境保护大会精神，落实党中央、国务院关于加快推进生态文明建设的决策部署，生态环境部组织开展了第四批国家生态文明建设示范市县遴选工作。经审核，北京市门头沟区等87个市县达到考核要求，生态环境部决定授予其第四批国家生态文明建设示范市县称号。

17
生物多样性保护 · 专家谈

10 月
09-19 日
2020

完善国内法制 推动国际履约；追随者一重要参与者一积极贡献者的角色转变

共建地球生命共同体：生态系统保护与恢复的中国经验

2020 年后生物多样性展望：以国家目标推动落实全球生物多样性目标

公众参与生物多样性保护为保障中国生态安全提供强劲动力

共建绿色"一带一路"，凝聚合力推动全球生物多样性保护

人与自然和谐共生：从理念革新到伟大实践

强化顶层设计，建立全方位生物多样性保护政策框架

18 生态环境部命名第四批"绿水青山就是金山银山"实践创新基地

10 月
13 日
2020

点击查看

　　为深入贯彻习近平生态文明思想和全国生态环境保护大会精神,各地积极探索"绿水青山就是金山银山"的有效转化路径。经审核,生态环境部决定命名北京市密云区等35个地区为第四批"绿水青山就是金山银山"实践创新基地。

19 《生物多样性公约》第十五次缔约方大会筹备工作组织委员会第二次会议暨执行委员会第二次会议在北京召开

11 月
10 日
2020

点击查看

　　11月9日,《生物多样性公约》第十五次缔约方大会(COP15)筹备工作组织委员会第二次会议暨执行委员会第二次会议在北京召开。组委会主任、生态环境部部长黄润秋,组委会主任,云南省委副书记、省长阮成发出席会议并分别讲话。会议由组委会常务副主任、执委会主任、生态环境部副部长庄国泰主持。组委会副主任、执委会主任、云南省副省长王显刚出席会议。组委会、执委会成员单位代表参加了会议。

20

11 月
30 日
2020

点击查看

"2018—2019绿色中国年度人物"、第四批国家生态文明建设示范市县和"绿水青山就是金山银山"实践创新基地表彰授牌活动举办

11月30日，"2018—2019绿色中国年度人物"、第四批国家生态文明建设示范市县和"绿水青山就是金山银山"实践创新基地表彰授牌活动在北京举办，对10个"2018—2019绿色中国年度人物"获奖集体和个人，87个第四批国家生态文明建设示范市县、35个"绿水青山就是金山银山"实践创新基地进行表彰授牌。

21

12 月
23 日
2020

点击查看

生态环境部有关负责人就《自然保护地生态环境监管工作暂行办法》答记者问

近日，生态环境部印发行政规范性文件《自然保护地生态环境监管工作暂行办法》（以下简称《暂行办法》）。生态环境部有关负责人就《暂行办法》起草的背景和目的、过程和原则、主要思路、具体制度和实施等问题回答了记者的提问。

GONG

水与海洋
生态环境保护

攻坚 / @生态环境部
在2020

JIAN

01

3 月
12 日
2020

"我为海洋生态环境保护建言献策"网络平台上线　诚邀您献计献策

为做好海洋生态环境保护工作，建立健全相关法规制度和政策措施，做到"开门"修法、编规划，生态环境部面向全社会征集关于编制《"十四五"海洋生态环境保护规划》的意见建议和关于《中华人民共和国海洋环境保护法》及有关条例的意见建议。

02

3 月
25 日
2020

海洋生态环保"十四五"规划编制试点工作启动　上海、深圳、锦州、连云港四市率先试点

为加快推进全国海洋生态环境保护"十四五"规划编制工作，经部党组和李干杰部长批准，生态环境部于3月25日以视频形式召开《全国海洋生态环境保护"十四五"规划》编制试点工作会议，生态环境部副部长翟青出席会议并讲话。

03

重点流域水生态环境保护"十四五"规划编制工作启动 廊坊、四平、哈尔滨等 10 个地市率先试点

根据重点流域水生态环境保护"十四五"规划编制工作安排，生态环境部于4月9日组织召开重点流域水生态环境保护"十四五"规划编制试点工作启动视频会，在廊坊、四平、哈尔滨、湖州、东营、济宁、广州、重庆璧山区、铜川、渭南10个地市（区）率先开展试点。生态环境部副部长翟青出席会议并讲话。

04

生态环境部部署重点湖库水华防控工作

在去冬今春我国大部地区气温偏高的背景下，2020年重点湖库水华防控形势十分严峻。4月7日，生态环境部印发《关于做好2020年重点湖库水华防控工作的通知》，要求各地高度重视，统筹做好疫情防控和经济社会发展，切实做好水华防控，保障饮用水水源安全。

05

"开门"编规划 助力"十四五"——生态环境部邀您献计"十四五"水生态环境保护

4 月
21 日
2020

点击查看

为做好重点流域水生态环境保护"十四五"规划编制工作、积极回应社会对水生态环境的关切，更好地把解决群众身边的突出生态环境问题，使规划成为汇聚民智、反映民意、凝聚民心的过程，共同推动"清水绿岸，鱼翔浅底"，生态环境部现面向全社会全过程"开门"编规划。

06

生态环境部组织开展 2020 年一季度水环境达标滞后地区环境形势会商

4 月
30 日
2020

点击查看

4月29日，生态环境部组织开展2020年一季度水环境达标滞后地区环境形势会商，督促工作滞后地区加大工作力度，确保完成《水污染防治行动计划》和碧水保卫战各项目标任务。全国34个水环境达标滞后城市和黑臭水体整治滞后城市参加。天津滨海新区、四川自贡、安徽滁州、山西吕梁与忻州5个水环境达标滞后地市政府的负责同志表态发言。广东惠州、宁夏固原、河北邯郸3个水环境改善先进城市政府的负责同志交流了经验。生态环境部副部长翟青出席会商并讲话，总工程师、水生态环境司司长张波主持会商。

07

4 月
30 日
2020

点击查看

生态环境部调度推动重点流域水生态环境保护和全国海洋生态环境保护"十四五"规划编制试点工作

4月29日，生态环境部组织召开重点流域水生态环境保护"十四五"规划和全国海洋生态环境保护"十四五"规划编制试点工作进展调度会，加快推动规划编制试点工作。廊坊、四平、哈尔滨、湖州、东营、济宁、广州、重庆璧山区、铜川、渭南10个流域规划试点地市（区）和上海、深圳、锦州、连云港4个海洋规划试点地方政府负责同志交流了试点工作推进情况和下一步工作安排。生态环境部副部长翟青出席会议并讲话。

08

5 月
15 日
2020

点击查看

生态环境部召开全国水生态环境保护工作视频会议

5月15日，生态环境部召开全国水生态环境保护工作视频会议。生态环境部部长黄润秋出席会议并讲话。他强调，要深入学习贯彻习近平生态文明思想，统筹推进疫情防控和经济社会发展生态环保工作，坚决打赢打好碧水保卫战，努力开创水生态环境保护新局面，为决胜全面建成小康社会、建设美丽中国作出新的更大贡献。

09 生态环境部、国家发展和改革委员会联合召开长江保护修复攻坚战推进视频会

5 月
15 日
2020

点击查看

5月15日，生态环境部、国家发展和改革委员会在北京联合召开长江保护修复攻坚战推进视频会。生态环境部部长黄润秋、国家发展和改革委员会副秘书长高杲出席会议并讲话，生态环境部副部长翟青主持会议，总工程师、水生态环境司司长张波出席会议。

10 生态环境部发布 2019 年度《水污染防治行动计划》实施情况

5 月
16 日
2020

点击查看

自2015年4月国务院发布实施《水污染防治行动计划》以来，在党中央、国务院坚强领导下，生态环境部会同各地区、各部门以改善水环境质量为核心出台配套政策措施，加快推进水污染治理，落实各项目标任务，切实解决了一批群众关心的水污染问题，全国水环境质量总体保持持续改善的势头。

11 生态环境部启动黄河流域入河排污口排查整治试点工作

5 月
26 日
2 0 2 0

5月26日，生态环境部以视频会议方式启动黄河流域入河排污口排查整治试点工作。生态环境部副部长翟青出席会议并讲话。综合考虑黄河流域生态环境实际情况，本次试点范围包括汾河、湟水河和黄河干流甘肃段等河流（段），分别作为黄河中、上游流域试点地区，涉及山西、甘肃、青海3省12地市（州），力争用2～3年的时间，完成入河排污口"查、测、溯、治"4项任务。

12 渤海综合治理初见成效　重点任务还需持续发力

5 月
29 日
2 0 2 0

2018年11月，生态环境部、国家发展和改革委员会、自然资源部联合印发《渤海综合治理攻坚战行动计划》。该行动计划自印发实施以来，生态环境部会同相关部门和地方以改善渤海生态环境质量为核心，积极推进陆源污染治理、海域污染治理、生态保护修复、环境风险防范等综合治理行动，并取得了初步成效。

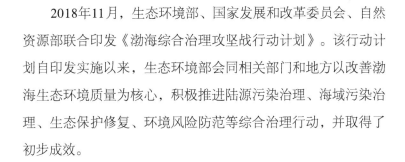

13

6 月
07 日
2020

重点流域水生态环境保护"十四五"规划编制试点开展第 6 次调度

6月5日，重点流域水生态环境保护"十四五"规划编制试点工作再次开展视频调度。这是自4月9日规划编制试点工作正式开启以来的第6次调度。廊坊、四平、哈尔滨、湖州、东营、济宁、广州、重庆璧山区、铜川、渭南10个试点地市（区）人民政府的负责同志交流了试点工作取得的成果、经验和下一步工作安排。生态环境部副部长翟青出席会议并发表总结讲话。

14

6 月
07 日
2020

坚决打赢长三角污染防治攻坚战　长三角区域污染防治协作机制会议召开

6月6日下午，长三角区域大气污染防治协作小组第九次工作会议暨长三角区域水污染防治协作小组第六次工作会议在浙江湖州召开。中共中央政治局委员、上海市委书记、协作小组组长李强主持会议并讲话，浙江省委书记车俊致辞，生态环境部部长、协作小组副组长黄润秋发表讲话。上海市委副书记、代市长龚正，江苏省委副书记、省长吴政隆，浙江省委副书记、省长袁家军，安徽省委副书记、省长李国英分别介绍了本省（市）大气和水污染防治措施工作进展、下一步安排和有关政策建议。

15

7 月
27 日
2020

点击查看

总结推广试点经验　全面推动编制重点流域"十四五"规划

　　7月27日，生态环境部召开重点流域水生态环境保护"十四五"规划编制工作推进视频会，总结推广试点经验，全面推动编制重点流域规划。生态环境部副部长翟青出席会议并讲话，总工程师、水生态环境司司长张波主持会议。

16

7 月
29 日
2020

点击查看

生态环境部将开展美丽河湖、美丽海湾优秀案例征集和推广宣传活动

　　7月29日，生态环境部组织召开美丽河湖、美丽海湾优秀案例征集活动座谈会。生态环境部总工程师、水生态环境司司长张波介绍了征集活动的背景和安排。

17

7 月
30 日
2020

全面推动编制海洋生态环境保护"十四五"规划 开创美丽海湾和美丽海洋建设新局面

　　7月30日,生态环境部召开全国海洋生态环境保护"十四五"规划编制工作推进视频会,总结推广试点经验,全面推动海洋生态环境保护规划编制工作。生态环境部副部长翟青出席会议并讲话。

18

8 月
24 日
2020

黄河流域入河排污口第一批试点地区现场排查 启动

　　为深入贯彻习近平生态文明思想、认真落实中央关于黄河流域生态保护和高质量发展的决策部署,8月24日,生态环境部组织开展黄河流域入河排污口第一批试点地区现场排查工作,聚焦湟水河及黄河干流甘肃段开展现场排查。生态环境部副部长翟青出席启动会并讲话。

19

8 月
27 日
2020

点击查看

生态环境部开展重点流域水生态环境保护和全国海洋生态环境保护"十四五"规划编制工作视频调度会商

8月27日，生态环境部组织开展重点流域水生态环境保护和全国海洋生态环境保护"十四五"规划编制工作视频调度会商，调度规划编制进展和督导帮扶工作情况，同时部署下一步工作。生态环境部副部长翟青出席会商并讲话，总工程师、水生态环境司司长张波主持会商。

20

9 月
17 日
2020

点击查看

渤海综合治理攻坚战进入冲刺阶段

9月17日，生态环境部召开2020年前3个季度渤海综合治理攻坚战视频调度会，学习贯彻习近平总书记重要指示批示精神，进一步推动渤海综合治理攻坚战相关工作，确保如期完成攻坚战各项任务目标。生态环境部副部长翟青出席会议并讲话。

21

10 月
09 日
2020

生态环境部有关负责人就《大运河生态环境保护修复专项规划》答记者问

为深入贯彻习近平总书记关于大运河保护传承利用的重要指示批示精神，认真落实《大运河文化保护传承利用规划纲要》，着力推进大运河生态环境保护修复，生态环境部、自然资源部、国家发展和改革委员会、国家林业和草原局组织编制了《大运河生态环境保护修复专项规划》，并于8月3日联合印发。生态环境部有关负责人就该规划的出台背景、总体思路和主要内容等回答了记者的提问。

22

10 月
21 日
2020

全国农村饮用水水源保护区划定工作稳步推进 云南等个别省份进展滞后

为贯彻落实党中央、国务院关于打好农业农村污染治理攻坚战和长江保护修复攻坚战决策部署，各地持续推进农村饮用水水源保护区划定工作。截至9月底，全国30个省（区、市，不含上海）和新疆生产建设兵团累计完成9857个"千吨万人"水源保护区划定工作，长江经济带完成8390个乡镇级水源保护区划定工作，划定比例分别达到91.9%和83.6%。

23

生态环境部开展重点流域和海洋生态环境保护"十四五"规划编制工作调度会商

11 月
26 日
2020

点击查看

11月25日，生态环境部以视频形式组织调度重点流域和海洋生态环境保护"十四五"规划编制工作，督促有关地方落实规划编制主体责任，加快推动规划编制。生态环境部副部长翟青出席会商并讲话，总工程师、水生态环境司司长张波主持会商。

24

生态环境部水生态环境司有关负责人就《关于进一步规范城镇（园区）污水处理环境管理的通知》答记者问

12 月
30 日
2020

点击查看

近日，生态环境部发布了《关于进一步规范城镇（园区）污水处理环境管理的通知》，生态环境部水生态环境司有关负责人就相关问题回答了记者的提问。

GONG

大气污染防治

攻坚 / @生态环境部 在2020

JIAN

01

国家大气攻关中心专家就春节期间重污染成因有关问题答记者问

1 月
28 日
2020

2020年除夕至大年初四，京津冀及周边地区、汾渭平原和东北地区出现了区域性重污染过程。对此，国家大气污染防治攻关联合中心副主任柴发合研究员回答了记者的提问。

02

京津冀及周边地区缘何重污染？五专家集中解答释疑

2 月
11 日
2020

2020年春节以来，京津冀及周边地区多次出现重污染天气过程，中国工程院院士贺克斌和有关专家就网友关心的重污染成因及变化趋势等问题进行了解读。

03 中国环境监测总站有关负责人就武汉市近期环境空气质量相关问题答记者问

2 月
12 日
2020

点击查看

最近，正值湖北省武汉市应对新冠肺炎疫情的关键时刻，有国外网站报道，武汉市空气中的SO_2指标浓度上升明显，引发了人们的关注，中国环境监测总站有关负责同志就武汉市近期环境空气质量相关问题回答了记者的提问。

04 近期京津冀污染过程回顾分析：虽遇疫情，但因采暖、工业排放等基础排放仍然居高，遇不利气象条件易引发重污染

2 月
14 日
2020

点击查看

2月8日（元宵节）以来，京津冀及周边地区又遭遇了一次中度至重度污染过程，国家大气污染防治攻关联合中心邀请中国工程院院士张小曳等专家对此进行了解读。

05

2 月
23 日
2020

点击查看

春节以来工业企业真的都停产了吗？遥感卫星3个数据告诉你！

针对2020年春节以来京津冀及周边地区工业污染源变化情况，国家大气污染防治攻关联合中心邀请生态环境部卫星环境应用中心有关专家，利用卫星遥感数据分析解读近期京津冀及其周边地区工业活动水平变化。

06

3 月
25 日
2020

点击查看

2020年3月24日至25日京津冀区域大气污染过程分析

3月24日至25日，京津冀区域正在经历一次大气污染过程，部分城市出现短时重度污染。国家大气污染防治攻关联合中心及时跟踪污染过程发展，分析解读了当前污染现状。

07 蓝天保卫战专家谈

3月 - 4月
07日 - 20日
2020

区域空气质量改善明显，但大气污染防治仍任重道远

冶金、建材、石化等重点行业是区域工业污染防治的重点

民用散煤治理仍是京津冀及周边地区需要坚持的重点方向

移动源是大气污染的重要来源，应加强管控

京津冀及周边地区排放强度大，排放结构和布局不合理，污染治理需久久为功

加强餐饮业污染防治，解决群众身边的烦心事、闹心事

扬尘是颗粒物的重要来源，应持续强化管控

东北地区近期大气重污染成因分析

2013 年以来 74 个城市 $PM_{2.5}$ 小时浓度超 300 微克 / 米³ 的频次降九成

08 生态环境部利用热点网格技术远程指导各地开展蓝天保卫战重点区域强化监督工作

3 月
28 日
2020

点击查看

新冠肺炎疫情发生以来，全国生态环境系统在做好疫情防控的同时，定力不减、劲头不松，持续做好污染防治工作。近期，生态环境部印发《关于统筹做好疫情防控和经济社会发展生态环保工作的指导意见》，统筹推进疫情防控、经济社会发展和生态环境保护工作。为进一步突出精准治污、科学治污、依法治污，聚焦解决突出问题，在强化监督现场工作不能如期开展的情况下，热点网格技术通过非现场帮扶充分发挥了大气环境监管的"千里眼"功能，为疫情下的蓝天保卫战提供了"无接触式"的环保配送服务，远程指导各地有序开展热点网格针对性排查。

09 生态环境部通报重点区域2019—2020年秋冬季环境空气质量目标完成情况

4 月
22 日
2020

点击查看

按照《打赢蓝天保卫战三年行动计划》《京津冀及周边地区2019—2020年秋冬季大气污染综合治理攻坚行动方案》《长三角地区2019—2020年秋冬季大气污染综合治理攻坚行动方案》《汾渭平原2019—2020年秋冬季大气污染综合治理攻坚行动方案》要求，近日，生态环境部向重点区域相关省市人民政府发送了《关于重点区域2019—2020年秋冬季环境空气质量目标完成情况的函》。

10

4 月
25 日
2020

点 击 查 看

这一天，我国大陆地区 337 个城市的日均空气质量自 2013 年以来首次全面达标

　　4月22日是世界地球日，2020年的这一天意义更是非同寻常。2013年以来的环境空气质量监测数据显示，2020年4月22日中国大陆地区（不含港澳台）337个地级及以上城市日均空气质量全面达标，实现历史性突破，值得所有参与和关心中国大气环境治理的人们纪念与庆祝。

11

8 月
05 日
2020

点 击 查 看

生态环境部部长黄润秋赴广东省、湖南省调研臭氧污染防治工作

　　8月1日至4日，生态环境部部长黄润秋赴广东省广州市、佛山市，湖南省长沙市、株洲市、湘潭市调研臭氧污染防治工作，并看望慰问蓝天保卫战臭氧污染防治强化监督帮扶工作人员。他强调，要深入贯彻落实习近平生态文明思想，统筹推进疫情防控、经济社会发展和生态环境保护，坚决打好夏季臭氧污染防治攻坚战，圆满完成污染防治攻坚战阶段性目标任务，为全面建成小康社会交上满意答卷。

12

9 月
11 日
2 0 2 0

点击查看

全文实录丨国新办举行科技助力打赢蓝天保卫战国务院政策例行吹风会

国务院新闻办公室于9月11日10时举行国务院政策例行吹风会，邀请生态环境部副部长赵英民，国家大气污染防治攻关联合中心副主任、中国环境科学研究院大气领域首席科学家柴发合研究员介绍科技助力打赢蓝天保卫战有关情况并答记者问。

13

9 月
16 日
2 0 2 0

点击查看

2020年中国国际保护臭氧层日纪念大会在线召开

9月16日，生态环境部召开2020年中国国际保护臭氧层日纪念大会，主题为"加强蒙约履约监督管理，建设履约长效机制"。生态环境部副部长赵英民出席会议并讲话。

14

9 月
18 日
2020

点击查看

2020 年中国国际保护臭氧层日纪念大会宣传片：加强消耗臭氧层物质监管　建设履约长效机制

2020年是中国加入《保护臭氧层维也纳公约》31周年，自加入该公约以来，中国政府制定了《逐步淘汰消耗臭氧层物质国家方案》，颁布了《消耗臭氧层物质管理条例》等100多项政策法规，先后实施消防、制冷、化工生产等31个行业计划，关闭了相关消耗臭氧层物质（ODS）生产线100多条，在上千家企业开展ODS替代转换，如期实现了《蒙特利尔议定书》规定的各阶段履约目标。截至目前，累计淘汰ODS超过28万吨，占发展中国家淘汰总量的一半以上，为臭氧层保护做出了重大贡献。

15

10 月
16 日
2020

点击查看

生态环境部召开京津冀及周边地区和汾渭平原秋冬季大气污染防治工作座谈会

10月16日，生态环境部部长黄润秋主持召开京津冀及周边地区和汾渭平原秋冬季大气污染防治工作座谈会。他强调，要深入贯彻习近平生态文明思想，进一步统一思想认识，坚定不移推进2020—2021年秋冬季大气污染综合治理，科学谋划"十四五"大气污染防治工作，确保打赢蓝天保卫战，为决胜全面建成小康社会、建设美丽中国作出新的更大贡献。

16

10 月
30 日
2020

点击查看

生态环境部调研人大重点建议办理与空气质量全面改善行动计划（2021—2025年）编制工作

10月27日至28日，生态环境部副部长赵英民率调研组在江苏省徐州市开展人大重点建议办理与空气质量全面改善行动计划（2021—2025年）编制调研工作。

GONG

应对气候变化

攻坚 / @生态环境部
在2020

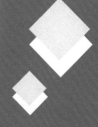

JIAN

01
彼得斯堡气候对话会召开 生态环境部部长
黄润秋发表视频讲话

4 月
29 日
2020

　　近日，第十一届彼得斯堡气候对话会通过视频会议方式召开，30多个国家的部长级官员出席视频会议，德国总理默克尔、联合国秘书长古特雷斯在线致辞。生态环境部部长黄润秋应邀为会议录制短视频讲话，就新冠肺炎疫情影响下国际社会合作推动绿色复苏、全面有效履行《巴黎协定》和推动构建人类命运共同体发表看法。

02
生态环境部发布2020年"全国低碳日"
宣传画

　　即将到来的7月2日是全国低碳日，其主题是"绿色低碳，全面小康"，让我们积极行动起来，践行绿色低碳生产生活方式，共建小康社会。

03 2020年"全国低碳日"举办线上主题宣传活动

7 月
02 日
2020

点击查看

　　7月2日是第8个全国低碳日,主题是"绿色低碳,全面小康"。7月2日上午,由生态环境部和北京市人民政府联合主办的2020年全国低碳日主题宣传活动于多家线上平台播出。生态环境部副部长赵英民、北京市副市长杨斌、生态环境部气候变化事务特别顾问解振华为活动致辞。生态环境部有关负责人指出,气候变化是全人类面临的严峻挑战,推动经济社会向绿色低碳转型是应对气候变化的必由之路,是推进生态文明建设、经济社会高质量发展和生态环境高水平保护的重要途径。

04 第四届气候行动部长级会议召开

7 月
07 日
2020

点击查看

　　7月7日,生态环境部与欧盟等有关方面通过视频形式共同举办第四届气候行动部长级会议。生态环境部部长黄润秋作为中方联席主席出席会议并致辞。

05 中老合作建设低碳示范区谅解备忘录签署仪式举行

7 月
16 日
2020

点击查看

  7月16日，《中华人民共和国生态环境部与老挝人民民主共和国自然资源与生态环境部关于合作建设万象赛色塔低碳示范区的谅解备忘录》签约仪式以视频方式举行。生态环境部部长黄润秋、老挝自然资源与生态环境部部长宋玛·奔舍那出席签约仪式并致辞。

06 生态环境部与美国加利福尼亚州等联合举办"环境、气候和疫后绿色复苏"视频对话会

9 月
02 日
2020

点击查看

  7月31日，生态环境部、中国人民对外友好协会和美国加利福尼亚州政府联合举办"环境、气候和疫后绿色复苏"视频对话会。生态环境部气候变化事务特别顾问解振华、中国人民对外友好协会副会长户思社、美国加利福尼亚州副州长康伊莲等出席会议并致辞。

07 生态环境部举办积极应对气候变化政策吹风会

9 月
27 日
2020

点击查看

9月27日，生态环境部举办积极应对气候变化政策吹风会。生态环境部应对气候变化司司长李高、清华大学原常务副校长何建坤、生态环境部应对气候变化战略研究和国际合作中心主任徐华清出席吹风会并介绍有关情况，还与记者进行了交流互动。

08 学习习近平主席联大重要讲话精神暨国家"十四五"应对气候变化规划思路研讨会圆满举行

10 月
09 日
2020

点击查看

9月30日，由生态环境部主办、国家应对气候变化战略研究和国际合作中心承办的"学习习近平主席在第七十五届联合国大会一般性辩论上的重要讲话精神专家座谈会暨国家'十四五'应对气候变化规划思路及2035年愿景展望专家研讨会"在北京顺利召开，来自国家气候变化专家委员会、国家发展和改革委员会、国务院发展研究中心、中国科学院、中国社会科学院等单位的专家参加了研讨。生态环境部副部长赵英民出席研讨会并讲话。

09

生态环境部与欧盟委员会气候行动总司举行视频会谈

10 月
21 日
2020

点击查看

　　近日，生态环境部副部长赵英民与欧盟委员会气候行动总司总司长莫罗·佩特里西奥尼举行双边视频会谈。双方就应对气候变化目标和长期愿景、中欧气候变化合作、落实中欧环境与气候高层对话机制等议题进行了深入交流。

10

生态环境部部长黄润秋出席"77国集团和中国"气候变化部长级会议

10 月
29 日
2020

点击查看

　　10月29日，"77国集团和中国"（以下简称"G77+中国"）气候变化部长级会议以视频方式召开，会议主题为"后疫情时代保持通向2030年可持续发展议程的低碳发展路径"。"G77+中国"主席国圭亚那总统伊尔法恩·阿里、联合国秘书长古特雷斯在线致辞。生态环境部部长黄润秋应邀出席会议并讲话。

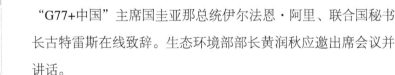

11

生态环境部与《联合国气候变化框架公约》秘书处执行秘书进行视频会谈

11 月
02 日
2020
点击查看

　　10月13日，生态环境部气候变化事务特别顾问解振华、副部长赵英民与《联合国气候变化框架公约》秘书处执行秘书埃斯皮诺萨进行视频会谈，就中国应对气候变化中长期目标和愿景、气候多边进程等重点工作交换了意见。

12

"中德欧实现气候新目标的路径"开展非正式圆桌对话

11 月
09 日
2020
点击查看

　　11月9日，生态环境部副部长赵英民、气候变化事务特别顾问解振华应邀出席"中德欧实现气候新目标的路径"非正式圆桌对话。圆桌对话由现任欧盟轮值主席国德国联邦环境、自然保护与核安全部国务秘书约亨·弗拉斯巴特主持，欧盟委员会气候行动总司总司长莫罗·彼得里乔内、欧洲气候基金会首席执行官劳伦斯·图比亚娜出席对话。圆桌对话聚焦中欧各自最新宣布的应对气候变化中长期目标和愿景，就其实现路径、短期影响及深化中欧气候变化合作展开探讨。

13

中国代表团积极参加《联合国气候变化框架公约》"气候变化对话"线上活动

12 月
09 日
2020

点击查看

受疫情影响，原定于11月在英国格拉斯哥举办的《联合国气候变化框架公约》第二十六届缔约方大会（COP26）推迟至2021年举行。为展现全球应对气候变化行动进展，促进各方沟通交流，进而为COP26成功举办奠定基础，《联合国气候变化框架公约》秘书处于11月23日至12月4日组织召开了70余场"气候变化对话"线上系列活动，涉及国家自主贡献、市场机制、透明度、适应气候变化、农业、气候资金、技术和能力建设、2020年前实施和力度、全球审评等多项重要议题，是2020年年底前气候变化多边进程中最为重要的一次综合性活动。

14

生态环境部就二氧化碳排放达峰行动方案听取地方意见

12 月
10 日
2020

点击查看

12月7日，生态环境部副部长赵英民在上海主持召开座谈会，就二氧化碳排放达峰行动听取地方意见。生态环境部应对气候变化司、国家应对气候变化战略研究和国际合作中心、31个省（区、市）生态环境厅（局）的相关负责同志参加了座谈。各地介绍了本地区开展二氧化碳排放达峰行动的工作基础、挑战及下一步工作考虑，并对生态环境部组织编写的《省级二氧化碳排放达峰行动方案编制指南（征求意见稿）》提出了意见建议。

15 生态环境部组织召开落实习近平总书记气候变化有关重大宣示座谈会

12 月
15 日
2020

点击查看

12月14日，生态环境部在北京召开落实习近平总书记气候变化有关重大宣示座谈会。中宣部、外交部、国家发展和改革委员会、工业和信息化部、住房和城乡建设部、交通运输部、国家能源局、国家林业和草原局、中国科学院、中国工程院、清华大学和生态环境部应对气候变化司、宣传教育司、环境规划院、国家应对气候变化战略研究和国际合作中心，北京市、天津市、河北省生态环境厅（局）代表以及有关院士、专家参会。生态环境部副部长赵英民主持会议。

16 生态环境部召开部常务会议

12 月
21 日
2020

点击查看

12月21日，生态环境部部长黄润秋主持召开部常务会议，审议并原则通过中国长期温室气体低排放发展战略及储油库大气污染物排放标准等标准（修改单）。生态环境部党组书记孙金龙出席会议。

土壤生态环境保护与
固体废物污染防治

攻坚 / @生态环境部
在2020

GONG

JIAN

01

5 月
12 日
2020

点击查看

生态环境部、农业农村部联合召开推进打赢净土保卫战和农业农村污染治理攻坚战视频会议

5月12日，生态环境部、农业农村部在北京联合召开推进打赢净土保卫战和农业农村污染治理攻坚战视频会议。生态环境部部长黄润秋、农业农村部副部长张桃林出席会议并讲话。黄润秋强调，要深入贯彻习近平生态文明思想和习近平总书记重要批示指示精神，坚决落实党中央、国务院决策部署，切实担负起保护生态环境的政治责任，确保如期实现净土保卫战和农业农村污染治理攻坚战的目标任务。

02

5 月
23 日
2020

点击查看

生态环境部召开"十四五"土壤生态环境保护规划编制启动会

5月22日，生态环境部在北京组织召开"十四五"土壤生态环境保护规划编制启动会。生态环境部党组成员、副部长庄国泰出席会议并讲话。

03

5 月
30 日
2020

点击查看

生态环境部固体废物与化学品司有关负责人就《废铅蓄电池处理污染控制技术规范》《废铅蓄电池危险废物经营单位审查和许可指南（试行）》答记者问

近日，《废铅蓄电池处理污染控制技术规范》（HJ 519—2020）（以下简称《技术规范》）和《废铅蓄电池危险废物经营单位审查和许可指南（试行）》（以下简称《指南》）发布实施。生态环境部固体废物与化学品司有关负责人就《技术规范》和《指南》的制修订背景、原则、主要内容等回答了记者的提问。

04

6 月
19 日
2020

点击查看

两部门联合印发通知深入推进畜禽粪污还田利用和养殖污染监管

近日，农业农村部办公厅、生态环境部办公厅联合印发《关于进一步明确畜禽粪污还田利用要求强化养殖污染监管的通知》（农办牧〔2020〕23号），明确畜禽粪污还田利用标准，要求加强事中、事后监管，完善粪肥管理制度，加快构建种养结合、农牧循环的可持续发展新格局。

05 《关于进一步明确畜禽粪污还田利用要求强化养殖污染监管的通知》解读

7 月
01 日
2020

点击查看

近日，农业农村部办公厅、生态环境部办公厅联合印发《关于进一步明确畜禽粪污还田利用要求强化养殖污染监管的通知》。为此，农业农村部畜牧兽医局、生态环境部土壤生态环境司负责同志就该通知进行了解读。

06 九部门联合印发《关于扎实推进塑料污染治理工作的通知》

7 月
20 日
2020

点击查看

近日，国家发展和改革委员会、生态环境部、工业和信息化部、住房和城乡建设部、农业农村部、商务部、文化和旅游部、国家市场监督管理总局、中华全国供销合作总社九部门联合印发《关于扎实推进塑料污染治理工作的通知》，对进一步做好塑料污染治理工作，特别是完成2020年年底阶段性目标任务作出部署。

07 限塑减塑·专家谈

9 月
05-09 日
2020

治理塑料污染需要形
成全社会共同推进的
强大合力

落实塑料污染治理任
务 推进零售餐饮行
业绿色发展

塑料污染治理：寻找环境
保护与生活便利的平衡点

扎实推进塑料污染治理
培育绿色消费新模式

加强塑料污染治理 全球
携手正当时

08 全国危险废物环境管理工作会议暨危险废物专项整治三年行动推进会召开

9 月
11 日
2020

9月9日，生态环境部召开全国危险废物环境管理工作会议
暨危险废物专项整治三年行动推进会，贯彻落实新修订的《中
华人民共和国固体废物污染环境防治法》，强化危险废物环境
监管，推进危险废物专项整治三年行动及专项执法行动。生态
环境部副部长庄国泰出席会议并讲话。

09 全国"无废城市"建设试点推进会在绍兴召开

9 月
13 日
2020

　　9月12日至13日，生态环境部在浙江省绍兴市组织召开全国"无废城市"建设试点推进会，贯彻落实党中央、国务院决策部署，交流各试点城市和地区的工作进展，研究部署下一阶段重点任务。生态环境部副部长庄国泰出席会议并讲话。

10 生态环境部固体废物与化学品司有关负责人就《关于新化学物质环境管理登记有关衔接事项的公告》答记者问

10 月
30 日
2020

　　近日，生态环境部印发了《关于新化学物质环境管理登记有关衔接事项的公告》。生态环境部固体废物与化学品司有关负责人就该公告出台的背景和主要内容等问题回答了记者的提问。

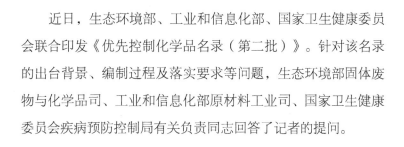

生态环境部等三部门有关司局负责同志就《优先控制化学品名录（第二批）》答记者问

11

11 月
04 日
2020

点击查看

近日，生态环境部、工业和信息化部、国家卫生健康委员会联合印发《优先控制化学品名录（第二批）》。针对该名录的出台背景、编制过程及落实要求等问题，生态环境部固体废物与化学品司、工业和信息化部原材料工业司、国家卫生健康委员会疾病预防控制局有关负责同志回答了记者的提问。

生态环境部调研组赴陕、川调研硫铁矿区和尾矿库污染治理

12

11 月
15 日
2020

点击查看

11月10日至12日，生态环境部副部长庄国泰率调研组赴陕西省安康市、汉中市，四川省广元市开展硫铁矿区和尾矿库污染治理情况调研，落实中央领导同志重要指示批示精神，督促指导有关地区推动解决突出环境污染问题。

13

生态环境部召开长江流域尾矿库污染防治工作推进会暨危险废物联防联控工作座谈会

11 月
15 日
2020

点击查看

11月13日，长江流域尾矿库污染防治工作推进会暨危险废物联防联控工作座谈会在成都召开，生态环境部副部长庄国泰出席会议并讲话，四川省人民政府副省长杨洪波到会致辞，国家发展和改革委员会基础司相关负责人应邀参会。

14

"天眼"主动出击　固体废物无处遁形

11 月
18 日
2020

点击查看

近年来，我国非法倾倒、填埋、转移固体废物现象突出，严重威胁生态环境安全，并制约经济社会的发展。然而，固体废物倾倒、堆存、填埋具有随机性和隐蔽性，还存在整治后重复倾倒的现象，给监管造成很大难度。面对固体废物监管难题，生态环境部充分利用遥感技术，为科学、精准治污送上"神助攻"。

15

生态环境部举办全国土壤污染防治管理培训班

11 月
19 日
2020

点击查看

11月18日至19日，全国土壤污染防治管理培训班在广东省韶关市举办。该培训班就净土保卫战考核有关要求、土壤污染防治法执法检查情况、土壤生态环境领域法律法规体系等内容进行了系统讲解培训，并组织赴韶关市矿区土壤污染源头治理、受污染农用地安全利用、土壤污染重点监管企业等开展现场教学。

16

长江经济带"清废行动"，直击"净土保卫战"现场

11 月
19-21 日
2020

2019年4月，生态环境部在长江经济带11省（市）126个城市以及3个省直管县级市全面启动了打击固体废物环境违法行为专项行动，经现场核实确认问题1944个，当前已完成整改1904个。

点击查看

直击现场（一）

点击查看

直击现场（二）

点击查看

直击现场（三）

17

11 月
20 日
2020

点击查看

生态环境部固体废物与化学品司有关负责人就《新化学物质环境管理登记指南》修订发布答记者问

近日，生态环境部印发了《新化学物质环境管理登记指南》（公告〔2020〕51号），将于2021年1月1日起实施。生态环境部固体废物与化学品司有关负责人就该指南修订的背景、主要内容等回答了记者的提问。

18

11 月
26 日
2020

点击查看

生态环境部固体废物与化学品司有关负责人就《关于全面禁止进口固体废物有关事项的公告》有关问题答记者问

近日，生态环境部、商务部、国家发展和改革委员会、海关总署发布《关于全面禁止进口固体废物有关事项的公告》。针对该公告出台的背景和意义、主要内容、注意事项等问题，生态环境部固体废物与化学品司有关负责人回答了记者的提问。

19

11 月
27 日
2020

点击查看

生态环境部固体废物与化学品司有关负责人就《国家危险废物名录（2021年版）》有关问题答记者问

近日，生态环境部、国家发展和改革委员会、公安部、交通运输部和国家卫生健康委员会修订发布了《国家危险废物名录（2021年版）》。针对该名录的修订情况，生态环境部固体废物与化学品司有关负责人回答了记者的提问。

20

12 月
21 日
2020

点击查看

生态环境部固体废物与化学品司有关负责人就《一般工业固体废物贮存和填埋污染控制标准》等3项国家环境保护标准制修订情况答记者问

近日，生态环境部与国家市场监督管理总局联合发布《一般工业固体废物贮存和填埋污染控制标准》（GB 18599—2020）、《危险废物焚烧污染控制标准》（GB 18484—2020）和《医疗废物处理处置污染控制标准》（GB 39707—2020）3项国家环境保护标准。针对这3项标准的制修订情况，生态环境部固体废物与化学品司有关负责人回答了记者的提问。

21

生态环境部发布《2020年全国大、中城市固体废物污染环境防治年报》

12 月
30 日
2 0 2 0

点击查看

为增强社会各界对固体废物污染防治工作的认识和理解，生态环境部自2014年起每年发布全国大、中城市固体废物污染环境防治年报。近日，生态环境部发布《2020年全国大、中城市固体废物污染环境防治年报》，向社会公开2019年全国固体废物污染防治工作的相关情况。

22

生态环境部固体废物与化学品司有关负责人就《关于规范再生钢铁原料进口管理有关事项的公告》答记者问

12 月
31 日
2 0 2 0

点击查看

近日，生态环境部、国家发展和改革委员会、海关总署、商务部、工业和信息化部发布《关于规范再生钢铁原料进口管理有关事项的公告》。生态环境部固体废物与化学品司有关负责人就该公告出台的背景、主要内容等问题回答了记者的提问。

GONG

核与辐射安全

攻坚 / @生态环境部
在 2020

JIAN

01

1 月
09 日
2020

点击查看

生态环境部（国家核安全局）与核电集团进行高层工作交流

为全面推进核安全治理体系和治理能力现代化建设，做好2020年核安全监管工作，1月7日至8日，生态环境部（国家核安全局）在北京分别与中国核工业集团有限公司、中国广核集团有限公司和国家电力投资集团有限公司开展了高层工作交流。

02

1 月
10 日
2020

点击查看

核与辐射安全监管工作年度总结会召开

生态环境部（国家核安全局）1月9日至10日在北京召开了2019年度核与辐射安全监管工作总结会，回顾2019年核与辐射安全监管工作，部署2020年及今后一段时间的工作目标任务。生态环境部副部长、国家核安全局局长刘华出席会议并讲话。

03 国家核安全局关于海阳核电厂 2 号机组两起运行事件有关情况的说明

3 月
22 日
2020

近日，有媒体对国家核安全局网站公布的 3 月 6 日海阳核电厂 2 号机组发生的两起运行事件进行了转载和报道。国家核安全局有关负责同志就相关情况做了进一步介绍。海阳核电厂根据《核电厂营运单位报告制度》第 4.1.4 条款"导致专设安全设施和反应堆保护系统自动或手动触发的事件"的规定将两起事件界定为运行事件，并向国家核安全局提交了运行事件通告。机组在两起事件过程中无放射性后果、无人员照射、无环境污染。根据《国际核与辐射事件分级手册》，两起事件均被界定为 0 级事件，即"无安全意义"的事件。

04 走中国特色核安全之路——《瞭望》新闻周刊专访生态环境部副部长（国家核安全局局长）

4 月
13 日
2020

3 月，生态环境部（国家核安全局）印发了核与辐射安全管理体系第三层级 355 份监督执法程序，进一步规范了现场监督检查执法的模式和尺度，推进核安全治理体系和治理能力取得新进展。"核安全是国家安全的重要组成部分。"接受《瞭望》新闻周刊专访时，生态环境部副部长、国家核安全局局长刘华表示，国务院核安全监管部门持续深入贯彻习近平总书记提出的"理性、协调、并进"的核安全观，推进核与辐射安全治理体系和治理能力现代化，提升核与辐射安全监管规范化制度化水平。

05

4 月
29 日
2020

点击查看

提高政治站位　强化责任担当　持续提高核安全治理现代化水平

　　为贯彻落实党中央、国务院有关国家安全和核安全的决策部署，提升全民国家安全意识，落实核安全责任，日前，生态环境部副部长、国家核安全局局长刘华以视频方式出席了中国广核集团有限公司2020年长湾领导力论坛，并对核安全工作提出了要求。他强调，核行业要提高政治站位，要以案为鉴，强化责任担当，持续提高核安全治理现代化水平。

06

9 月
04 日
2020

点击查看

生态环境部（国家核安全局）颁发福建福清核电厂5号机组运行许可证　华龙一号全球首堆获准装料

　　9月4日，生态环境部（国家核安全局）在北京向福建福清核电有限公司颁发福建福清核电厂5号机组运行许可证。生态环境部副部长、国家核安全局局长刘华颁发运行许可证并讲话，中国核工业集团有限公司党组书记、董事长余剑锋，国家核安全局、国家能源局和中国核工业集团有限公司相关部门、单位负责人参加了会议。

07 国际原子能机构核安全监管高官会在线召开

9 月
25 日
2020

9月24日，国际原子能机构核安全监管高官会召开，深入讨论了疫情给全球核安全带来的挑战。生态环境部副部长、国家核安全局局长刘华出席会议并发言。

08 国家核安全专家委员会召开第二次全体会议暨 2020 年第三季度例会

10 月
16 日
2020

10月15—16日，国家核安全专家委员会第二次全体会议暨2020年第三季度例会在北京成功召开，生态环境部副部长、国家核安全局局长、国家核安全专家委员会主席刘华出席会议并讲话。国家核安全专家委员会委员、特邀专家100余人参加了会议。

09 2020年辐射安全监管工作座谈会在甘肃召开

点击查看

10月19日至20日，全国辐射安全监管工作座谈会在甘肃省兰州市成功召开，生态环境部副部长、国家核安全局局长刘华出席会议并讲话。会上，生态环境部辐射源安全监管司、核设施安全监管司负责人分别介绍了2020年辐射安全监管工作情况。江苏省生态环境厅、辐射环境监测技术中心作典型发言，分别介绍了其辐射安全监管工作经验。

10 国家核安全专家委员会2020年年会暨第四季度例会在北京召开

点击查看

12月15日至16日，国家核安全专家委员会2020年年会暨第四季度例会在北京召开，生态环境部副部长、国家核安全局局长、国家核安全专家委员会主席刘华出席会议并讲话。

环评与排放监管

GONG

JIAN

攻坚 / @生态环境部
在2020

01

生态环境部发布制药工业——生物药品制品制造等 5 项排污许可申请与核发技术规范

1 月
02 日
2020

点击查看

　　近日，生态环境部发布《排污许可证申请与核发技术规范　制药工业——生物药品制品制造》（HJ 1062—2019）、《排污许可证申请与核发技术规范　制药工业——化学药品制剂制造》（HJ 1063—2019）、《排污许可证申请与核发技术规范　制药工业——中成药生产》（HJ 1064—2019）、《排污许可证申请与核发技术规范　制革及毛皮加工工业——毛皮加工工业》（HJ 1065—2019）、《排污许可证申请与核发技术规范　印刷工业》（HJ 1066—2019）5项技术规范，完善排污许可技术支撑体系，全面推进落实排污许可制度改革。5个行业排污许可证申请与核发功能近日将正式上线，届时相关行业排污单位可在全国排污许可证管理信息平台中正式申报排污许可证。

02

生态环境部印发淀粉等 5 个行业建设项目重大变动清单

1 月
06 日
2020

点击查看

　　近日，生态环境部发布《关于印发淀粉等五个行业建设项目重大变动清单的通知》，明确淀粉、水处理、肥料制造、镁钛冶炼、镍钴锡锑汞冶炼5个行业的重大变动情形，规定了上述行业建设项目发生何种变动情形需要重新报批环评文件。

03 生态环境部环境影响评价与排放管理司有关负责人就《固定污染源排污许可分类管理名录（2019 年版)》等系列文件答记者问

1 月
07 日
2020

点击查看

生态环境部近日印发了《固定污染源排污许可分类管理名录（2019年版）》、《关于做好固定污染源排污许可清理整顿和2020年排污许可发证登记工作的通知》和《固定污染源排污登记工作指南（试行）》等重要文件。针对这些文件的出台背景、主要内容，生态环境部环境影响评价与排放管理司有关负责人回答了记者的提问。

04 生态环境部举办全国固定污染源排污许可清理整顿和 2020 年排污许可发证登记视频培训班

1 月
09 日
2020

点击查看

1月9日至10日，生态环境部举办全国固定污染源排污许可清理整顿和2020年排污许可发证登记视频培训班。生态环境部副部长黄润秋出席开班仪式并作专题辅导报告。

05

1 月
19 日
2020

生态环境部环境影响评价与排放管理司有关负责人就《关于加强"三磷"建设项目环境影响评价与排污许可管理的通知》答记者问

生态环境部近日印发了《关于加强"三磷"建设项目环境影响评价与排污许可管理的通知》等文件。针对该通知的出台背景、主要内容，生态环境部环境影响评价与排放管理司有关负责人回答了记者的提问。

06

3 月
06 日
2020

生态环境部发布煤炭加工——合成气和液体燃料生产等10项排污许可申请与核发技术规范

为加速完成覆盖所有固定污染源的排污许可证核发工作，健全技术规范体系，指导各行业排污许可证的申请与核发，近日，生态环境部发布了《排污许可证申请与核发技术规范 煤炭加工——合成气和液体燃料生产》（HJ 1101—2020）等10项技术规范。10个行业排污许可证申请与核发功能近日将正式上线，届时相关行业排污单位可在全国排污许可证管理信息平台中正式申报排污许可证。

07 生态环境部发布金属铸造等 5 项排污许可技术规范

3 月
16 日
2020

点击查看

为进一步完善排污许可技术规范体系，近日，生态环境部发布《排污许可证申请与核发技术规范　金属铸造工业》等 5 项技术规范，全面推进排污许可制度改革。5 个行业排污许可证申请与核发功能近日即将正式上线，届时相关行业排污单位可在全国排污许可证管理信息平台中正式申报排污许可证。

08 水处理通用工序排污许可申请与核发技术规范发布

3 月
24 日
2020

点击查看

为加快推进固定污染源排污许可全覆盖，健全技术规范体系，近日，生态环境部发布了《排污许可证申请与核发技术规范　水处理通用工序》（HJ 1120—2020），指导排污单位水处理设施许可证申请与核发工作。

09

生态环境部发布工业炉窑等5项排污许可技术规范

4 月
05 日
2020

点击查看

为进一步完善排污许可技术规范体系，近日，生态环境部发布了《排污许可证申请与核发技术规范　工业炉窑》（HJ 1121—2020）等5项技术规范，全面推进排污许可制度改革。5个行业排污许可证申请与核发功能近日即将正式上线，届时相关行业排污单位可在全国排污许可证管理信息平台中正式申报排污许可证。

10

星旗电戟，向"全覆盖"目标出征——生态环境部排污许可保障工作专班介绍

4 月
10 日
2020

点击查看

2020年是完成覆盖所有固定污染源排污许可证核发登记工作的收官之年，能否实现全覆盖是排污许可制实施成败的关键，更是固定污染源管理的核心问题。围绕国务院《控制污染物排放许可制实施方案》提出的"全覆盖"任务目标，生态环境部积极动员、全面部署，迅速成立了以生态环境部为核心，部环境工程评估中心、各省级生态环境部门为支撑力量的排污许可保障工作专班。

11 生态环境部通报环评信用平台信息抽查情况

4 月
16 日
2020

点击查看

为加强建设项目环境影响报告书（表）编制的事中、事后监管，提高环评队伍诚信意识，维护环评市场秩序，近日，生态环境部公开通报了在环评信用平台信息情况抽查中发现的问题和相关处理结果。

12 生态环境部发文部署加强环评文件质量监管

4 月
21 日
2020

点击查看

质量是环评文件的生命线。自《中华人民共和国环境影响评价法》修改以来，生态环境部在依法取消环评单位资质许可的同时，组织全国生态环境部门认真落实《建设项目环境影响报告书（表）编制监督管理办法》及配套文件要求，加强环评文件编制事中、事后监管，取得了积极进展。但环评文件质量问题仍时有发生，在一定程度上影响了环评制度源头预防作用的发挥。为坚决遏制环评文件编制过程中不负责任、粗制滥造和弄虚作假等行为，提高环评文件质量，确保环评制度的有效性和公信力，近日，生态环境部印发《关于加强环境影响报告书（表）质量监管工作的通知》，就相关工作作出安排部署。

13

7 月
14 日
2020

点击查看

方寸之间显功力　细微之处见真章——固定污染源排污许可清理整顿排查无证经验回顾

为了实现固定污染源排污许可全覆盖，生态环境部全面组织开展了清理整顿和2020年发证登记工作，提出"摸、排、分、清"4项工作任务，其中"排查无证"是工作任务中的关键一环。"排查无证"就是在"摸清底数"阶段形成的全国固定污染源300余万家排污单位基础信息清单中剔除已发证排污单位，并按照2020年之前发证登记、2020年发证登记、非固定源分类及重点管理、简化管理、登记管理——梳理分级。回顾"排查无证"期间各地工作经验中诸多的工作亮点，是固定污染源排污许可清理整顿和2020年发证登记工作中的宝贵经验。细节决定成败，只有抓准小节、抓好细节，保证分类的准确性，才能有效推动实现后续的"整改清零"。

14

7 月
21 日
2020

点击查看

为高质量发展提供绿色支撑——长江经济带12省（市）"三线一单"发布过半

推进长江经济带"三线一单"编制工作，建立生态环境分区管控体系，是落实习近平总书记在全国生态环境保护大会上的讲话精神以及"长江经济带建设要共抓大保护、不搞大开发""实现科学发展、有序发展、高质量发展"重要指示精神的重要举措。继重庆、浙江、上海之后，江苏、四川、安徽和湖南省人民政府也于近日相继发布了"三线一单"生态环境分区管控方案。至此，"第一梯队"长江经济带11省（市）及青海省"三线一单"发布过半，生态环境分区管控体系在这些省（市）初步建立形成。

15 加强成果对接　落实"共同抓好大保护　协同推进大治理"要求——生态环境部推动黄河流域各省（区）"三线一单"工作取得积极进展

7 月
22 日
2020

点击查看

黄河流域各省（区）中四川、青海两省属于第一梯队，四川省成果已正式发布，青海省正在积极对接推动成果尽快发布。除了"第一梯队"的2个省份，其他7个省（区）目前均已完成"三线一单"初步成果，正在抓紧论证、对接，其中陕西、甘肃、宁夏和山东4个省（区）已完成"三线一单"省内初审工作，修改完善后将报生态环境部开展技术审核。

16 生态环境部印发监管行动计划　部署加强环评与排污许可监管工作

9 月
08 日
2020

点击查看

为进一步加大环评与排污许可监管力度，推动监管制度化、常态化，生态环境部近期印发《环评与排污许可监管行动计划（2021—2023年）》，就相关工作进行部署，要求各级生态环境部门高度重视、认真部署，制定并组织实施本行政区域监管行动计划和2021年度工作方案。

17

生态环境部召开全国环评"放管服"工作推进视频会

9 月

24 日

2020

9月24日，生态环境部副部长刘华主持召开全国环评"放管服"工作推进视频会，深入学习贯彻中央领导同志重要指示批示精神，落实中央巡视整改工作要求，就严厉打击环评弄虚作假行为、优化小微企业项目环评工作进行部署。

18

生态环境部控制污染物排放许可制实施工作领导小组召开会议

10 月

22 日

2020

10月22日，生态环境部控制污染物排放许可制实施工作领导小组会议在北京召开。生态环境部部长、领导小组组长黄润秋主持会议并讲话。他强调，要深入学习贯彻习近平生态文明思想，坚决落实党中央、国务院决策部署，加快构建以排污许可制为核心的固定污染源环境监管制度体系，为打赢打好污染防治攻坚战、推动生态环境治理体系和治理能力现代化提供有力支撑。

19

生态环境部环境影响评价与排放管理司有关负责人就有关问题答记者问

11 月
10 日
2020

点击查看

生态环境部近日印发了《经济、技术政策生态环境影响分析技术指南（试行）》。针对该指南的出台背景、主要内容、实施重点等问题，生态环境部环境影响评价与排放管理司有关负责人回答了记者的提问。

20

生态环境部印发《关于进一步加强产业园区规划环境影响评价工作的意见》

11 月
24 日
2020

点击查看

近日，生态环境部印发《关于进一步加强产业园区规划环境影响评价工作的意见》，这是新形势下落实"放管服"总体部署、助力新发展格局、全面规范和指导产业园区规划环评工作、源头推进绿色发展的重要举措。

21

11 月
24 日
2020

点击查看

生态环境部环境影响评价与排放管理司有关负责人就《关于进一步加强产业园区规划环境影响评价工作的意见》有关问题答记者问

近日，生态环境部印发《关于进一步加强产业园区规划环境影响评价工作的意见》。针对该意见的出台背景、突出特点等问题，生态环境部环境影响评价与排放管理司有关负责人回答了记者的提问。

22

11 月
27 日
2020

点击查看

生态环境部印发部门规章《生态环境部建设项目环境影响报告书（表）审批程序规定》

近日，生态环境部印发部门规章《生态环境部建设项目环境影响报告书（表）审批程序规定》，为落实有关法律法规修改、提高环境治理能力现代化的要求，贯彻落实党中央、国务院关于"放管服"改革和优化营商环境工作部署，对原有审批程序规定进行优化修订。

23

12 月
02 日
2020

点击查看

生态环境部环境影响评价与排放管理司有关负责人就《关于进一步加强煤炭资源开发环境影响评价管理的通知》答记者问

生态环境部、国家发展和改革委员会、国家能源局联合印发《关于进一步加强煤炭资源开发环境影响评价管理的通知》（环环评〔2020〕63号）。生态环境部环境影响评价与排放管理司有关负责人就该通知出台的背景、编制思路、环评管理要求等回答了记者的提问。

24

12 月
03 日
2020

点击查看

生态环境部发布《建设项目环境影响评价分类管理名录（2021年版)》

生态环境部近日发布《建设项目环境影响评价分类管理名录（2021年版）》。该名录的修订是生态环境领域贯彻落实"放管服"改革、优化营商环境的重要举措，是做好"六稳"工作、落实"六保"任务的具体体现，对于进一步规范环评分类管理、促进中小微企业绿色发展、助推经济高质量发展具有重要意义。

25

12 月
03 日
2020

点击查看

生态环境部环境影响评价与排放管理司负责人就《建设项目环境影响评价分类管理名录（2021年版）》发布答记者问

生态环境部近日发布《建设项目环境影响评价分类管理名录（2021年版）》。针对该名录修订的原因、指导思想等内容，生态环境部环境影响评价与排放管理司负责人回答了记者的提问。

26

12 月
23 日
2020

点击查看

切实推进"三线一单"落地实施走向深入

为做好"三线一单"成果应用"后半篇文章"，切实推进"三线一单"落地实施走向深入，生态环境部今日召开长江经济带11省（市）及青海省"三线一单"落地实施情况座谈会。生态环境部副部长刘华出席会议并发表讲话。

27 生态环境部环境影响评价与排放管理司有关负责人就《污染影响类建设项目重大变动清单（试行)》答记者问

12 月
30 日
2020

点击查看

近日，生态环境部印发《污染影响类建设项目重大变动清单（试行）》（环办环评函〔2020〕688号）。生态环境部环境影响评价与排放管理司有关负责人就该清单的出台背景、编制原则、思路和主要内容、适用范围等回答了记者的提问。

28 环评文件质量问题通报

3 月 7 月
31 日 27 日
2020

点击查看

生态环境部通报一批环评
文件质量问题（一）

点击查看

生态环境部通报一批环评
文件质量问题（二）

点击查看

生态环境部通报一批环评
文件质量问题（三）

GONG

生态环境监测

攻坚 / @生态环境部
在2020

JIAN

01

2019 年度生态环境监测工作总结会召开

1 月
20 日
2020

点击查看

1月17日，2019年度生态环境监测工作总结会在北京召开。生态环境部党组成员、副部长刘华出席会议并讲话，充分肯定了2019年生态环境监测工作取得的成绩，并对2020年工作进行安排部署。

02

生态环境部公布新冠肺炎疫情发生以来生态环境质量监测结果

2 月
22 日
2020

点击查看

新冠肺炎疫情发生以来，全国各级生态环境部门按照党中央国务院统一部署，做到守土有责、守土担责、守土尽责，认真做好空气、地表水，尤其是饮用水水源地等生态环境质量监测工作。总体来看，全国城市环境空气、地表水、饮用水水源地环境质量保持稳定，生态环境质量未受疫情影响。

03 生态环境部通报珠三角地区和渤海地区排污单位自行监测质量专项检查与抽测情况

4 月
21 日
2020

点击查看

　　2019年，生态环境部组织对珠三角地区和渤海地区开展了排污单位自行监测质量专项检查、抽测和比对监测。现将有关情况通报如下：本次共检查540家企业，其中珠三角地区300家、渤海地区240家，不规范的51家；本次共抽测360家企业，其中废水排放企业240家，超标排放33家，废气排放企业120家，超标排放5家；本次共对229家企业自动监测设备开展比对监测，159家企业比对不合格。

04 生态环境部发布 2019 年全国生态环境质量简况

5 月
07 日
2020

点击查看

　　2019年全国生态环境质量总体改善，环境空气质量改善成果进一步巩固，水环境质量持续改善，海洋环境状况稳中向好，土壤环境风险得到基本管控，生态系统格局整体稳定，核与辐射安全有效保障，环境风险态势保持稳定。

05

环境减灾二号01组 A、B 星成功发射！环境卫星家族又添新成员

9 月
30 日
2020

9月27日11时23分，我国在太原卫星发射中心用长征四号乙运载火箭以一箭双星方式成功发射环境减灾二号01组A、B星。

06

京津冀及周边地区"2+26"城市出现入秋以来第一次区域性 $PM_{2.5}$ 污染过程

10 月
10 日
2020

自10月7日起，随着大气扩散条件转差，京津冀及周边地区出现入秋以来第一次区域性 $PM_{2.5}$ 污染过程。截至10月10日15时，区域内污染最重的城市为石家庄市，$PM_{2.5}$ 小时浓度为147微克/米^3，达到中度污染水平；北京市 $PM_{2.5}$ 小时浓度为146微克/米^3。

07 10月31日至11月1日京津冀及周边地区污染过程及沙尘影响

10 月
31 日
2020

点击查看

　　根据最新大气环境监测数据及预测预报结果显示，受较强西北冷空气过境影响，源于蒙古国中东部的沙尘于10月30日夜间及31日影响我国华北和东北地区，11月1日向华东地区移动，并在传输过程中逐渐沉降减弱。

08 11月11日至16日京津冀及周边地区将出现两次阶段性污染过程

11 月
11 日
2020

点击查看

　　随着季节转换，我国北方地区已进入污染频发阶段，最新空气质量预测预报结果显示，未来京津冀及周边地区将出现两次污染过程，分别为11月11日至12日和11月14日至16日，其中，第二次污染过程时间较长，程度相对较重。

09

11 月
13 日
2020

京津冀及周边地区 11 月 14 日至 17 日将再次出现污染过程并伴随降雨而逐渐结束

　　受不利气象条件、冬季区域污染物排放增加、区域传输等综合性因素影响，11月11日至12日京津冀及周边地区出现了一次污染过程，13日略有缓解后，14日至17日将再次出现一次污染过程，这次污染过程将伴随17日夜间至18日的降雨过程而逐步结束。

10

11 月
16 日
2020

京津冀及周边地区污染伴随大雾还将持续 预计 11 月 17 日夜间开始逐渐消散

　　进入秋冬季，特别是不利气象条件叠加冬季供暖和工业生产带来区域污染物排放量增加导致近期京津冀及周边地区出现多次污染过程。北京市预计11月16日至17日以轻至中度污染为主。从17日夜间到18日白天，预计有较强降水过程自西向东过境华北地区，会对累积于太行山前地区的污染物进行有效清除，京津冀及周边区域空气质量将得到显著改善，污染过程结束，北京市空气质量也将恢复到优良。

11

12 月
10 日
2020

点击查看

生态环境部召开全国生态环境监测工作会议暨行风建设视频会

12月7日，全国生态环境监测工作会议暨行风建设视频会在北京召开，生态环境部副部长刘华出席会议并讲话。他强调，要以习近平生态文明思想为指引，加快构建科学、独立、权威、高效的生态环境监测体系，为深入打好污染防治攻坚战、推进美丽中国提供有力支撑。

12

12 月
28 日
2020

点击查看

生态环境部生态环境监测司有关负责人就《"十四五"国家地表水监测及评价方案（试行）》答记者问

生态环境部对"十四五"国家地表水监测评价方式进行了进一步优化调整。针对《"十四五"国家地表水监测及评价方案（试行）》调整的目的意义、方案的具体内容等问题，生态环境部生态环境监测司有关负责人回答了记者的提问。

13 空气质量预报会商

1 月 - 12 月
15 日 - 15 日
2020

点击查看

生态环境部发布 1 月中下旬全国空气质量预报会商结果

点击查看

生态环境部公布 2 月中上旬全国空气质量预报会商结果

点击查看

国家气候中心、中国环境监测总站联合会商指出 1 月我国北方大气污染扩散气象条件整体偏差

点击查看

国家气候中心、中国环境监测总站联合会商指出 2 月我国北方大气污染扩散气象条件整体偏差

点击查看

生态环境部公布 2 月下半月全国空气质量预报会商结果

点击查看

生态环境部公布 3 月上半月全国空气质量预报会商结果

点击查看

国家气候中心、中国环境监测总站联合会商指出 3 月我国北方大气污染扩散气象条件整体偏差

点击查看

生态环境部公布 3 月下半月全国空气质量预报会商结果

生态环境部公布 4 月上半月全国空气质量预报会商结果

生态环境部公布 4 月下半月全国空气质量预报会商结果

生态环境部通报 5 月上半月全国空气质量预报会商结果

生态环境部发布 5 月下半月全国空气质量预报会商结果

生态环境部公布 6 月上半月全国空气质量预报会商结果

生态环境部公布 6 月下半月全国空气质量预报会商结果

生态环境部公布 7 月上半月全国空气质量预报会商结果

生态环境部公布 7 月下半月全国空气质量预报会商结果

生态环境部公布 8 月上半月全国空气质量预报会商结果

生态环境部公布 8 月下半月全国空气质量预报会商结果

生态环境部公布 9 月上半月全国空气质量预报会商结果

生态环境部公布 9 月下半月全国空气质量预报会商结果

生态环境部公布 10 月上半月全国空气质量预报会商结果

生态环境部公布 10 月下半月全国空气质量预报会商结果

生态环境部公布 11 月上半月全国空气质量预报会商结果

国家气候中心、中国环境监测总站联合会商指出 11 月北方大气污染扩散气象条件整体偏差　冬季冷空气活动频繁

生态环境部通报 11 月下半月全国空气质量预报会商结果

生态环境部发布 12 月上半月全国空气质量预报会商结果

2020 年 12 月及 2021 年 1—3 月大气污染扩散气象条件趋势预测

生态环境部公布 12 月下半月全国空气质量预报会商结果

14 全国地表水、环境空气质量状况

1 月 12 月
23 日 - 18 日
2020

生态环境部公布 2019 年全国地表水、环境空气质量状况

生态环境部公布 2020 年春节期间（除夕至正月初一）我国城市空气质量状况

生态环境部通报 2020 年元宵节期间我国城市空气质量状况

生态环境部公布 1 月全国空气质量状况

生态环境部通报重点区域 2020 年 1 月和 2019 年 10 月—2020 年 1 月环境空气质量有关情况

生态环境部公布 2 月和 1—2 月全国地表水、环境空气质量状况

生态环境部通报 3 月和 1—3 月全国地表水、环境空气质量状况

生态环境部通报 4 月和 1—4 月全国地表水、环境空气质量状况

生态环境部通报 5 月和 1—5 月全国地表水、环境空气质量状况

生态环境部发布上半年全国地表水和环境空气质量状况

生态环境部通报 7 月和 1—7 月全国地表水、环境空气质量状况

生态环境部通报 8 月和 1—8 月全国地表水、环境空气质量状况

生态环境部通报 9 月和 1—9 月全国地表水、环境空气质量状况

生态环境部通报 10 月和 1—10 月全国地表水、环境空气质量状况

生态环境部通报 11 月和 1—11 月全国地表水、环境空气质量状况

15

京津冀大气污染传输通道"2+26"城市和
汾渭平原11个城市降尘监测

2月 12月
21日 22日
2020

生态环境部公布 2019 年 12
月京津冀大气污染传输通道
"2+26"城市和汾渭平原 11
个城市降尘监测结果

生态环境部公布 3 月京津冀大
气污染传输通道"2+26"城
市和汾渭平原 11 个城市降尘
监测结果

生态环境部公布 4 月京津冀大
气污染传输通道"2+26"城
市和汾渭平原 11 个城市降尘
监测结果

生态环境部公布 5 月京津冀大
气污染传输通道"2+26"城
市和汾渭平原 11 个城市降尘
监测结果

生态环境部公布 6 月京津冀大
气污染传输通道"2+26"城
市和汾渭平原 11 个城市降尘
监测结果

生态环境部公布 7 月京津冀大
气污染传输通道"2+26"城
市和汾渭平原 11 个城市降尘
监测结果

生态环境部公布 8 月京津冀大气污染传输通道"2+26"城市和汾渭平原 11 个城市降尘监测结果

生态环境部公布 9 月京津冀大气污染传输通道"2+26"城市和汾渭平原 11 个城市降尘监测结果

生态环境部公布 10 月京津冀大气污染传输通道"2+26"城市和汾渭平原 11 个城市降尘监测结果

生态环境部公布 11 月京津冀大气污染传输通道"2+26"城市和汾渭平原 11 个城市降尘监测结果

GONG

国内合作与调研

攻坚 / @生态环境部 在2020

JIAN

01

生态环境部副部长带队赴九三学社中央委员会座谈

6 月
02 日
2020

点击查看

6月1日，生态环境部副部长赵英民带队赴九三学社中央委员会座谈交流黄河流域生态环境保护工作，九三学社中央委员会副主席赖明参加座谈。双方就推动黄河流域生态保护和高质量发展、加强生态环境保护工作进行了交流研讨。

02

中华全国工商业联合会、生态环境部联合召开支持服务民营企业绿色发展座谈会

6 月
04 日
2020

点击查看

6月4日，中华全国工商业联合会、生态环境部在北京联合召开支持服务民营企业绿色发展座谈会，深入贯彻习近平总书记重要讲话和指示批示精神，贯彻落实习近平生态文明思想，按照党中央、国务院决策部署，统筹做好常态化疫情防控和经济社会发展生态环保工作，主动服务"六稳"工作，全面落实"六保"任务，进一步深化两部门合作，共同支持服务民营企业绿色发展，坚决打赢打好污染防治攻坚战。

03
生态环境部部长赴浙江、江苏、山东三省调研生态环境保护工作

6 月
08 日
2020

点击查看

6月6日至8日，生态环境部部长黄润秋带队赴浙江湖州，江苏徐州，山东淄博、滨州和东营调研生态环境保护工作。他强调，要保持方向不变、力度不减的战略定力，坚定不移贯彻新发展理念，坚持生态优先、绿色发展，统筹推进疫情防控和经济社会发展生态环保工作，确保如期实现污染防治攻坚战阶段性目标，提高全面建成小康社会的绿色底色和成色，不辜负党中央的重托和人民群众的期盼。三天三省五地，黄润秋先后就水、大气环境治理，生态保护监管以及推动企业高质量发展进行了调研。

04
生态环境部与山东省人民政府签署统筹推进生态环境高水平保护与经济高质量发展战略合作框架协议

6 月
10 日
2020

点击查看

6月10日，生态环境部与山东省人民政府在北京签署统筹推进生态环境高水平保护与经济高质量发展战略合作框架协议。协议签署前，双方进行了座谈。生态环境部党组书记孙金龙、部长黄润秋，山东省委书记刘家义，山东省委副书记、代省长李干杰出席协议签署仪式并讲话。

05

6 月
18 日
2020

生态环境部党组书记孙金龙到中国环境科学研究院调研

6月18日，生态环境部党组书记孙金龙到中国环境科学研究院调研科技支撑打赢打好污染防治攻坚战，检查指导疫情防控工作，并听取了中国环境科学研究院工作情况汇报。

06

7 月
17 日
2020

生态环境部与中国长江三峡集团有限公司共商推进部企合作事宜

7月17日，生态环境部党组书记孙金龙、部长黄润秋与来访的中国长江三峡集团有限公司董事长雷鸣山、总经理王琳一行举行座谈，共同商讨深化部企合作事宜。

07

7 月
18 日
2020

点击查看

生态环境部部长赴北京大兴国际机场调研

7月17日，生态环境部部长黄润秋赴北京大兴国际机场调研建设运营生态环境保护工作情况并召开座谈会。他强调，要深入贯彻习近平生态文明思想，把绿色发展理念贯彻到大兴机场建设运营的全过程、各方面，将大兴机场打造成为绿色机场的典范、高质量发展的标志性工程。

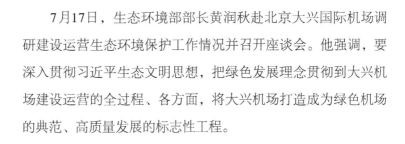

08

7 月
22 日
2020

点击查看

生态环境部党组书记孙金龙赴河北省调研生态环境保护工作

7月21日至22日，生态环境部党组书记孙金龙赴河北省邢台市、邯郸市和雄安新区调研生态环境保护工作。打赢蓝天保卫战、雄安新区水生态环境治理和保护修复是这次调研的重点。孙金龙强调，要勇做习近平生态文明思想的坚定信仰者、忠实践行者、不懈奋斗者，统筹推进疫情防控和经济社会发展生态环境保护工作，确保高质量、高标准完成污染防治攻坚战阶段性目标任务。

09

7 月
27 日
2020

点击查看

生态环境部副部长刘华赴福建省调研石化化工行业环境管理工作

　　7月27日,生态环境部副部长刘华赴福建省调研石化化工行业环境管理情况。他前往漳州市古雷石化基地,实地了解基地规划、重点项目建设和生产运行、基地环保设施配套和环境监测工作情况,看望慰问一线工作人员,并组织召开福建省石化化工行业环境管理座谈会,听取了福建省生态环境厅、有关地市生态环境局和6家企业负责人关于石化化工行业环境管理工作情况。

10

8 月
03 日
2020

点击查看

生态环境部部长黄润秋调研慰问驻粤部属单位

　　8月1日至2日,生态环境部部长黄润秋调研驻粤部属单位,并看望慰问干部职工。他强调,要深入学习贯彻习近平生态文明思想,强化"四个统一"职责职能,不折不扣地完成污染防治攻坚战阶段性目标任务。

11 生态环境部副部长庄国泰赴内蒙古开展新时代文明实践工作调研

8 月
05 日
2020

点击查看

8月3日至5日，按照中央文明委工作安排，生态环境部党组成员、副部长庄国泰赴内蒙古自治区鄂尔多斯市、呼和浩特市实地调研新时代文明实践中心建设试点工作进展情况，并召开座谈会，听取有关部门及试点地区工作汇报。自治区党委常委、宣传部部长白玉刚出席座谈会。

12 生态环境部党组书记孙金龙赴浙江安吉考察调研并出席高水平建设新时代美丽浙江推进大会

8 月
15 日
2020

点击查看

8月15日，在"绿水青山就是金山银山"理念提出15周年之际，生态环境部党组书记孙金龙赴浙江安吉考察调研并出席高水平建设新时代美丽浙江推进大会。孙金龙强调，要始终对标对表习近平生态文明思想，牢固树立"绿水青山就是金山银山"理念，增强生态文明建设的战略定力，坚持做到"五个持续"，统筹推进疫情防控和经济社会发展生态环境保护工作，积极主动服务"六稳""六保"。

13

点击查看

生态环境部党组书记孙金龙赴浙江杭州调研生态环境保护工作

8月16日，生态环境部党组书记孙金龙赴浙江杭州调研生态环境保护工作。他强调，要进一步贯彻落实习近平生态文明思想，聚焦精准治污、科学治污、依法治污，构建政府为主导、企业为主体、社会组织和公众共同参与的环境治理体系，推动生态环境质量持续改善。

14

点击查看

生态环境部副部长刘华调研锦屏水电工程和中国锦屏地下实验室

8月13日，生态环境部党组成员、副部长、国家核安全局局长刘华赴四川省凉山州调研雅砻江流域水电开发公司锦屏水力发电厂和中国锦屏地下实验室。

15 生态环境部党组书记孙金龙赴上海调研生态环境保护工作

8 月
18 日
2020

点击查看

8月17日至18日，生态环境部党组书记孙金龙赴上海调研生态环境保护工作。他强调，要深入贯彻落实习近平生态文明思想，坚定不移贯彻新发展理念，保持加强生态文明建设的战略定力，以生态环境高水平保护推动经济高质量发展。

16 生态环境部党组书记孙金龙赴围场、隆化两县开展扶贫调研和督促指导并召开座谈会

9 月
11 日
2020

点击查看

9月10日至11日，生态环境部党组书记孙金龙赴河北省承德市围场、隆化两县开展扶贫调研和督促指导并召开座谈会。他强调，要深入学习贯彻习近平总书记关于扶贫工作的重要论述和习近平生态文明思想，扎实做好生态环保扶贫工作，协同打赢打好精准脱贫和污染防治攻坚战，为全面建成小康社会作出新的更大贡献。

17

9 月
22 日
2020

点击查看

生态环境部部长黄润秋赴河北、内蒙古调研生态环境保护工作

9月17日至20日，生态环境部部长黄润秋先后赴河北省张家口市，内蒙古自治区乌兰察布市、巴彦淖尔市、兴安盟、呼伦贝尔市，围绕贯彻落实习近平总书记重要指示批示精神，就察汗淖尔生态环境保护、"一湖两海"（呼伦湖、乌梁素海、岱海）生态环境综合治理以及阿尔山生态文明建设示范创建等进行调研。他强调，要深入贯彻习近平生态文明思想，坚决落实习近平总书记重要指示批示精神，坚定不移走生态优先、绿色发展之路，加强生态环境治理和生态保护修复监管，切实筑牢祖国北疆生态安全屏障。

18

9 月
29 日
2020

点击查看

深入贯彻落实习近平总书记重要讲话精神 扎实推进长三角区域生态环境保护协作

9月27日下午，长三角区域大气和水污染防治协作小组办公室（扩大）会议在上海市召开。协作小组办公室主任、上海市副市长汤志平主持会议并讲话。协作小组办公室主任、生态环境部副部长赵英民出席会议并讲话，江苏省、浙江省、安徽省的分管副省长参会并讲话。

19
10 月
25 日
2020

点击查看

生态环境部部长黄润秋赴河北省调研清洁取暖散煤替代工作

为贯彻落实国务院今冬明春北方地区保暖保供工作电视电话会议精神，10月23日至24日，生态环境部部长黄润秋先后赴河北省邯郸市、保定市调研清洁取暖散煤替代工作。他强调，要以习近平生态文明思想为指引，认真贯彻党中央、国务院决策部署，把确保群众温暖过冬作为头等大事、第一原则，落实京津冀及周边地区、汾渭平原清洁取暖散煤替代工作任务，为全面建成小康社会、建设美丽中国作出新的贡献。

20
11 月
01 日
2020

点击查看

生态环境部部长黄润秋赴天津调研

10月31日，生态环境部部长黄润秋赴天津市静海区、河西区及滨海新区围绕医疗废物和危险废物环境管理、固体废物进口管理制度改革、"无废城市"建设试点等工作开展调研。他强调，要坚决贯彻落实党中央、国务院决策部署，做好疫情常态化防控医疗废物处置相关环保工作，加快提升危险废物环境监管、利用处置和环境风险防范能力，确保高质量完成禁止洋垃圾入境推进固体废物进口管理制度改革及"无废城市"建设试点改革任务，为打赢打好污染防治攻坚战、全面建成小康社会作出新的更大贡献。

21 生态环境部调研江苏太仓中集公司和上海环境能源交易所

11 月
06 日
2020

11月3日下午，生态环境部副部长赵英民一行赴江苏省太仓市中集集装箱制造有限公司调研VOCs治理工作。生态环境部大气环境司、生态环境监测司和江苏省生态环境厅、上海市生态环境局、苏州市政府相关负责同志参加了调研。

22 生态环境部党组书记孙金龙赴三家部属单位调研巡视整改工作

11 月
11 日
2020

11月10日，生态环境部党组书记孙金龙赴对外合作与交流中心、国家应对气候变化战略研究和国际合作中心、中国生态文明研究与促进会专题调研巡视整改工作并召开座谈会。他强调，要认真学习贯彻党的十九届五中全会精神，深入贯彻习近平生态文明思想，结合中央巡视整改工作要求，继续服务支撑应对气候变化、保护生物多样性、污染防治等生态环境保护中心工作，为打赢打好污染防治攻坚战、推进生态文明建设作出新的更大贡献。

23 生态环境部赴山东潍坊调研渤海综合治理攻坚战进展情况

11 月
11 日
2020
点击查看

11月10日，生态环境部副部长翟青率调研组赴山东省潍坊市开展渤海综合治理攻坚战核心任务进展情况调研，督促指导山东省滨海湿地生态修复任务进展滞后地区加快推进有关工作。

24 生态环境部与国家电网有限公司签署战略合作协议

11 月
12 日
2020
点击查看

11月11日，生态环境部与国家电网有限公司在北京签署《电力大数据助力打赢打好污染防治攻坚战战略合作协议》。生态环境部党组书记孙金龙、部长黄润秋，国家电网董事长、党组书记毛伟明，总经理、党组副书记辛保安出席协议签署仪式并讲话。

25

生态环境部党组书记孙金龙赴广西调研省以下环保垂改工作

11 月
12 日
2020

点击查看

　　11月12日，生态环境部党组书记孙金龙赴广西南宁调研省以下环保机构监测监察执法垂直管理改革（以下简称环保垂改）工作情况。他强调，要深入学习贯彻十九届五中全会精神，按照中央巡视反馈意见整改工作要求扎实推进环保垂改任务如期落实落地，进一步释放改革红利，助力"十四五"生态环境保护工作开好局、起好步。

26

生态环境部召开川藏铁路绿色工程建设座谈会

11 月
22 日
2020

点击查看

　　11月21日，川藏铁路绿色工程建设座谈会在西藏林芝召开。生态环境部部长黄润秋主持会议并讲话。他强调，要深入贯彻习近平生态文明思想，认真学习贯彻党的十九届五中全会精神和中央第七次西藏工作座谈会精神，坚决贯彻落实习近平总书记关于川藏铁路建设的重要指示批示精神，进一步落实川藏铁路生态环境保护措施和生态环境监管责任，齐心协力打造绿色工程，为全面建设社会主义现代化国家作出积极贡献。西藏自治区党委副书记、自治区主席齐扎拉出席会议并讲话。

27 生态环境部部长黄润秋赴西藏调研对口援藏工作

11 月
23 日
2020

点击查看

　　11月21日至22日，生态环境部部长黄润秋赴西藏林芝调研对口援藏工作。他强调，要深入贯彻习近平生态文明思想，坚决贯彻落实中央第七次西藏工作座谈会精神，进一步做好对口援藏工作，全力支持西藏推进生态文明建设和生态环境保护，守护好高原的生灵草木、万水千山，为建设团结富裕文明和谐美丽的社会主义现代化新西藏作出应有贡献。西藏自治区党委副书记、自治区主席齐扎拉参加了调研。

28 生态环境部部长黄润秋赴围场、隆化两县开展扶贫调研并召开座谈会

11 月
29 日
2020

点击查看

　　11月27日至28日，生态环境部部长黄润秋赴河北省围场、隆化两县开展扶贫调研并召开座谈会。他强调，要深入学习贯彻习近平总书记关于扶贫工作的重要论述和习近平生态文明思想，全面贯彻党的十九届五中全会精神，巩固拓展脱贫攻坚成果，协同打赢打好精准脱贫和污染防治攻坚战，为全面建成小康社会、开启全面建设社会主义现代化国家新征程作出新的贡献。

29

12 月
01 日
2020

生态环境部党组书记孙金龙赴江苏调研长江大保护

12月1日，生态环境部党组书记孙金龙赴江苏省南京市调研长江大保护工作。他强调，要深入贯彻习近平生态文明思想，坚决贯彻落实习近平总书记在全面推动长江经济带发展座谈会上的重要讲话精神，推动长江经济带高质量发展，把长江经济带建设成为我国生态优先、绿色发展的主战场。

30

12 月
02 日
2020

部省共建生态环境治理体系和治理能力现代化试点省联席会议在南京召开

12月2日，生态环境部和江苏省在南京召开部省共建生态环境治理体系和治理能力现代化试点省联席会议。生态环境部党组书记孙金龙、江苏省委书记娄勤俭出席会议并讲话。江苏省委副书记、省长吴政隆主持会议。

31

生态环境部部长黄润秋赴黑龙江开展环保垂改调研并召开座谈会

12 月
06 日
2020

点击查看

12月4日至5日，生态环境部部长黄润秋赴黑龙江开展省以下生态环境机构监测监察执法垂直管理制度改革调研并召开座谈会。他强调，生态环境系统要切实增强"四个意识"、坚定"四个自信"、做到"两个维护"，确保如期全面高质量完成环保垂改任务，并与地方机构改革、综合执法改革有效衔接，加快打造生态环境保护铁军，推进生态环境治理体系和治理能力现代化，为全面开启美丽中国建设新征程提供有力的制度保障。

32

生态环境部部长黄润秋赴辽宁开展环保垂改调研并召开座谈会

12 月
13 日
2020

点击查看

12月11日至12日，生态环境部部长黄润秋赴辽宁省开展省以下生态环境机构监测监察执法垂直管理制度改革调研并召开座谈会。他强调，生态环境系统要进一步统一思想认识，提高政治站位，确保全面完成环保垂改目标任务，为深入打好污染防治攻坚战、建设美丽中国提供坚实体制机制保障。辽宁省委副书记、省长刘宁出席在沈阳召开的座谈会并讲话。

33 生态环境部开展"十四五"生态环境保护规划编制集中调研

12 月
27 日
2020

点击查看

12月22日至25日,生态环境部党组书记孙金龙、部长黄润秋,中央纪委国家监委驻生态环境部纪检监察组组长库热西,生态环境部副部长赵英民、刘华分别带队赴重庆市、北京市、广东省、福建省、吉林省调研,并召开西南、华北、华南、华东、东北片区座谈会,集中听取各地对正在编制的"十四五"生态环境保护规划的意见和建议。

34 生态环境部孙金龙、黄润秋等部领导带队开展环保垂改调研并召开座谈会

12 月
28 日
2020

点击查看

12月22日至25日,生态环境部党组书记孙金龙、部长黄润秋,中央纪委国家监委驻生态环境部纪检监察组组长库热西,生态环境部副部长赵英民、刘华分别带队赴重庆、河南、北京、广东、陕西、安徽、吉林7省(市)开展省以下生态环境机构监测监察执法垂直管理制度改革调研并召开座谈会。

环境执法与应急

GONG

JIAN

01

生态环境部公布6起生态环境执法典型案例并对办案单位予以表扬

1 月
06 日
2020

点击查看

　　近日，生态环境部向全国生态环境系统印发《关于印发生态环境执法典型案例基本情况并对办案单位予以表扬的通知》，公布了6起生态执法典型案例，并对办案单位重庆市生态环境局等6家单位予以表扬。

02

生态环境部办公厅有关负责人就《关于改革完善信访投诉工作机制　推进解决群众身边突出生态环境问题的指导意见》答记者问

1 月
15 日
2020

点击查看

　　近日，生态环境部印发了《关于改革完善信访投诉工作机制　推进解决群众身边突出生态环境问题的指导意见》，生态环境部办公厅有关负责人就该指导意见出台的背景、意义、主要内容等问题回答了记者的提问。

03

1 月
21 日
2020

《关于建立跨省流域上下游突发水污染事件联防联控机制的指导意见》发布

　　为全面贯彻落实习近平生态文明思想和全国生态环境保护大会精神，推动建立跨省流域上下游突发水污染事件联防联控机制，近日，生态环境部、水利部联合印发《关于建立跨省流域上下游突发水污染事件联防联控机制的指导意见》。

04

1 月
21 日
2020

两部委有关负责人就《关于建立跨省流域上下游突发水污染事件联防联控机制的指导意见》答记者问

　　近日，经国务院同意，生态环境部、水利部联合印发《关于建立跨省流域上下游突发水污染事件联防联控机制的指导意见》。生态环境部和水利部有关负责人就该指导意见的制定背景、目标和主要内容等回答了记者的提问。

05

3 月
29 日
2020

生态环境部工作组紧急赶赴黑龙江伊春指导环境应急工作

3月28日13时40分，黑龙江省伊春鹿鸣矿业有限公司尾矿库发生尾矿砂泄漏，部分进入依吉密河。获知情况后，生态环境部高度重视，李干杰部长第一时间作出批示，启动应急响应程序。翟青副部长率领工作组正紧急赶赴事发现场，指导做好环境应急工作。

06

4 月
10 日
2020

全力落实各项措施、设置多重保险，不让超标污水进入松花江

在依吉密河控制工程取得明显成效的基础上，经过呼兰河一、二、三号闸和绥望桥4道絮凝清洁工程，呼兰河基本复清河段长度已达200千米。河水中的污染物得到了有效削减。在4月9日上午召开的黑龙江伊春鹿鸣矿业尾矿库泄漏事故应急处置会商会议上，生态环境部工作组专家首先分析了水质监测报告和最新形势。会议由生态环境部副部长翟青和黑龙江省政府副省长徐建国共同主持，生态环境部工作组有关成员，黑龙江省突发环境事件应急指挥部有关成员，伊春市、绥化市政府负责同志参会。

07

4 月
10 日
2020

点击查看

生态环境部发函表扬2019年生态环境保护执法大练兵表现突出集体和个人

2019年生态环境部围绕"全年、全员、全过程"部署要求开展了全国生态环境保护执法大练兵活动。近日，生态环境部印发《关于表扬2019年生态环境保护执法大练兵表现突出集体和个人的函》，对在2019年生态环境保护执法大练兵活动中表现突出的10个省级表现突出组织单位、3个省级突出进步单位、30个市级表现突出集体、60个县级表现突出集体和100名表现突出个人予以通报表扬。

08

4 月
13 日
2020

点击查看

应急处置一线如何"拆弹"？

3月28日13时40分，伊春鹿鸣矿业有限公司钼矿尾矿库4号溢流井发生倾斜，导致伴有尾矿砂的大量污水泄漏，并进入松花江二级支流依吉密河，造成环境污染事件。事件发生后，生态环境部迅速集结一支工作组第一时间开赴应急一线，作为排除环境风险的"拆弹部队"和"科技尖兵"，全力协助支持地方政府做好事件环境应急处置工作。

09

伊春鹿鸣矿业环境应急成功处置后生态环境部向这三省环境厅发出感谢信

4月
17日
2020

点击查看

4月16日，生态环境部向河南省生态环境厅、山东省生态环境厅和辽宁省生态环境厅发出感谢信，感谢他们为黑龙江伊春"3·28"鹿鸣矿业有限公司尾矿库泄漏事故环境应急处置现场组织运送大量药剂，有效缓解了应急物资紧张的状况，为事故环境应急处置做出了重要贡献。

10

生态环境部、应急管理部和黑龙江省人民政府启动伊春鹿鸣矿业"3·28"尾矿库泄漏事故次生突发环境事件联合调查工作

4月
20日
2020

点击查看

按照《国家突发环境事件应急预案》《突发环境事件调查处理办法》等规定要求，为明晰相关责任、总结经验教训，4月20日，生态环境部、应急管理部和黑龙江省人民政府启动伊春鹿鸣矿业"3·28"尾矿库泄漏事故次生突发环境事件联合调查工作。

11 生态环境部指导各地落实落细监督执法正面清单 支持服务企业复工复产

4 月
22 日
2020

点击查看

近期，生态环境部印发《关于落实监督执法正面清单相关工作的通知》（以下简称《通知》），督促指导各地进一步落实落细监督执法正面清单，助力企业复工复产。生态环境部要求各地深刻领会建立实施监督执法正面清单的重要意义，因地制宜地补充完善清单标准条件，细化监管措施和工作要求，通过实行分类监管、差异化监管进一步优化执法方式，提高执法效能。各级生态环境部门认真贯彻落实《通知》要求。目前，32个省级生态环境部门均制定印发落实监督执法正面清单工作实施方案，26个省（区、市）和新疆生产建设兵团已确定首批纳入监督执法正面清单企业名单，合计5.4万家。

12 生态环境部出台意见指导各地实施生态环境违法行为举报奖励制度

4 月
26 日
2020

点击查看

近日，生态环境部印发《关于实施生态环境违法行为举报奖励制度的指导意见》，指导各地建立实施生态环境违法行为举报奖励制度。该意见共分总体要求、完善举报奖励制度设计、强化组织保障和贯彻实施3个部分，对实施奖励的部门、奖励对象和获奖条件、奖励的范围和形式、违法线索审核确认、奖励发放程序、举报人保护、制度保障、资金监管、宣传培训等方面提出了意见。

13

4 月
26 日
2020

点击查看

生态环境部生态环境执法局有关负责人就《关于实施生态环境违法行为举报奖励制度的指导意见》答记者问

近日，生态环境部印发《关于实施生态环境违法行为举报奖励制度的指导意见》，指导各地建立实施生态环境违法行为举报奖励制度。生态环境部生态环境执法局有关负责人就该意见的背景、意义及内容等问题回答了记者的提问。

14

4 月
27 日
2020

点击查看

全国首例违法使用 ODS 涉刑案件宣判

近日，全国首例因违法使用消耗臭氧层物质（ODS）构成环境污染罪并判处刑事处罚的案件在浙江省湖州市宣判。湖州市德清明禾保温材料有限公司法定代表人祁某某因违法使用三氯一氟甲烷（CFC-11，俗称氟利昂）生产组合聚醚被地方法院以污染环境罪判处有期徒刑10个月。

15

4 月
30 日
2020

专家解读｜建立跨省流域上下游突发水污染事件联防联控机制 防范重大生态环境风险

　　近期，四川、陕西、黑龙江等地接连发生多起突发水环境事件，其中一些事件造成了跨区域污染。当前，我国一些地区已陆续进入汛期，引发突发水污染事件的风险加大。日前，生态环境部、水利部联合印发《关于建立跨省流域上下游突发水污染事件联防联控机制的指导意见》，对流域上下游如何开展协作机制和制度建设进行了系统指导。为了进一步做好突发水污染事件防范应对工作，生态环境部组织专家就该指导意见的重要意义、工作落实要求等内容进行了深入解读。

16

5 月
06 日
2020

生态环境部公布"生态环境损害赔偿磋商十大典型案例"

　　4月30日，生态环境部组织开展的"生态环境损害赔偿磋商十大典型案例"评选结果揭晓，山东济南章丘区6家企业非法倾倒危险废物生态环境损害赔偿案、贵州息烽大鹰田2家企业违法倾倒废渣生态环境损害赔偿案、浙江诸暨某企业大气环境污染损害赔偿案等10个案件入选。

17 国家消耗臭氧层物质进出口管理办公室利用 IPIC 成功阻止一起 ODS 非法贸易

5 月
07 日
2020

日前，国家消耗臭氧层物质进出口管理办公室（进出口办）利用ODS出口前预先知情机制（IPIC）阻止了一起出口至泰国的涉ODS非法贸易，得到了联合国环境规划署及泰国国家ODS管理部门的高度赞赏。

18 生态环境部通报监督执法正面清单实施期间第一批环境执法典型案例

5 月
08 日
2020

5月8日，生态环境部通报了监督执法正面清单实施期间第一批8个环境执法典型案例，并对依法打击恶意环境违法行为、切实维护群众环境权益的浙江省杭州市、温州市、宁波市，山东省济宁市，辽宁省沈阳市，河北省邢台市，福建省宁德市，江苏省宿迁市的生态环境部门予以表扬。

19

6 月
08 日
2020

生态环境部通报 2020 年 1—4 月环境行政处罚案件与《中华人民共和国环境保护法》配套办法执行情况

1—4月，全国共下达处罚决定书28369份。行政处罚案件数量排名前5位的省份为河北省、广东省、山东省、江苏省、河南省；行政处罚案件数量排名前10位的地市为东莞市、邢台市、石家庄市、深圳市、邯郸市、新乡市、沧州市、衡水市、聊城市、唐山市；行政处罚案件数量排名前10位的县（市、区）为深圳龙岗区、石家庄晋州市、廊坊大城县、佛山顺德区、衡水安平县、邢台宁晋县、鹤壁浚县、邢台沙河市、邢台隆尧县、沧州献县。

20

6 月
09 日
2020

生态环境部启动 2020 年全国生态环境保护执法大练兵活动

生态环境部近日印发《关于开展2020年全国生态环境保护执法大练兵的通知》，继续组织开展生态环境保护执法大练兵活动。据生态环境部生态环境执法局有关负责人介绍，本年度大练兵在总结过去4年活动经验的基础上，在以下4个方面进行了优化创新：一是进一步贯彻"全年、全员、全过程"的要求，二是进一步推进党建与业务的深度融合，三是进一步贴近基层日常工作实际，四是进一步优化执法方式以提升效能。

21 生态环境部公开2020年第一季度生活垃圾焚烧发电厂环境违法行为处理处罚情况

6 月
11 日
2020

点击查看

自1月2日起，生态环境部向社会公开了全国生活垃圾焚烧发电厂（以下简称垃圾焚烧厂）颗粒物、二氧化硫、氮氧化物、氯化氢、一氧化碳5项常规大气污染物和焚烧炉炉膛温度的自动监测数据。截至6月1日，全国已有455家垃圾焚烧厂通过生态环境部建立的统一平台向社会主动公开自动监测数据。近日，生态环境部官网"曝光台"向社会公开了2020年第一季度全国垃圾焚烧厂环境违法行为处理处罚情况，包括8起案件。

22 生态环境部应急中心负责人就《突发生态环境事件应急处置阶段直接经济损失评估工作程序规定》有关问题答记者问

6 月
11 日
2020

点击查看

近期，生态环境部印发《突发生态环境事件应急处置阶段直接经济损失评估工作程序规定》，对应急处置阶段如何开展直接经济损失评估工作进行了规范指导。针对该规定的编制原因、适用范围等问题，生态环境部环境应急与事故调查中心负责同志回答了记者的提问。

23

6 月
11 日
2020

点击查看

生态环境部环境应急与事故调查中心负责人就《突发生态环境事件应急处置阶段直接经济损失核定细则》有关问题答记者问

为切实落实《突发生态环境事件应急处置阶段直接经济损失评估工作程序规定》要求，进一步说明细化《突发环境事件应急处置阶段环境损害评估推荐方法》中直接经济损失的计算范围和核算方法，生态环境部编制了《突发生态环境事件应急处置阶段直接经济损失核定细则》。就该细则的具体内容等问题，生态环境部环境应急与事故调查中心负责同志回答了记者的提问。

24

6 月
11 日
2020

点击查看

生态环境部通报 2019 年全国"12369"环保举报工作情况

近日，生态环境部印发《关于2019年全国"12369"环保举报工作情况的通报》，向各省（区、市）生态环境厅（局）通报了2019年全国"12369"环保举报工作情况。

2019年，全国各地生态环境部门畅通"12369"环保举报渠道，进一步加强全国"12369环保举报联网管理平台"（以下简称联网平台）的使用。2019年联网平台共接到举报案件53万余件，同比下降25.2%。

25 生态环境部通报监督执法正面清单典型做法

6 月
23 日
2020

点击查看

　　为统筹做好疫情防控和经济社会发展生态环保工作，生态环境部启动建立和实施监督执法正面清单，并督促指导各地科学合理配置执法资源，实现对守法企业无事不扰、对违法企业严惩重罚。32个省级生态环境部门均制定印发落实监督执法正面清单工作实施方案并实施动态管理，规范行使行政处罚自由裁量权，依法减免行政处罚376次。

26 《关于核减环境违法垃圾焚烧发电项目可再生能源电价附加补助资金的通知》政策解读

7 月
02 日
2020

点击查看

　　6月30日，财政部、生态环境部联合发布了《关于核减环境违法垃圾焚烧发电项目可再生能源电价附加补助资金的通知》。生态环境部有关负责人就该通知有关问题回答了记者的提问。

27 生态环境部通报监督执法正面清单第二批典型案例

7 月
08 日
2020

点击查看

　　5月，生态环境部通报了监督执法正面清单实施期间第一批环境执法典型案例，释放了监管执法工作方向不变、力度不减的信号。7月8日，生态环境部通报了监督执法正面清单实施期间第二批10个环境执法典型案例，并对天津市生态环境保护综合行政执法总队等10家单位的办案工作提出表扬，要求各级生态环境部门积极学习借鉴有关经验做法，进一步优化执法方式，提高执法效能。

28 生态环境部、公安部、最高人民检察院联合打击危险废物环境违法犯罪行为

7 月
17 日
2020

点击查看

　　为遏制非法排放、倾倒、处置危险废物案件频发态势，保护生态环境，保障人民群众身体健康，近日，生态环境部、公安部、最高人民检察院联合印发《关于严厉打击危险废物环境违法犯罪行为的通知》，决定于7—11月组织全国生态环境部门、公安机关、检察机关开展严厉打击危险废物环境违法犯罪行为的活动。

29

8 月
27 日
2020

生态环境部通报监督执法正面清单工作进展

8月27日，生态环境部通报各地监督执法正面清单工作情况，截至7月底，清单内企业合计82036家，比6月底增加357家。各级生态环境部门通过在线监控、视频监控、用能监控、无人机巡查、大数据分析等科技手段开展非现场检查12.9万余次，发现各类环境问题3200余个，立案处罚357件，各地规范行使行政处罚自由裁量权，依法减免行政处罚646次。

30

9 月
18 日
2020

生态环境部公布打击危险废物环境违法犯罪典型案例（第一批）

7—11月，生态环境部、公安部、最高人民检察院在全国范围内联合组织开展严厉打击危险废物环境违法犯罪行为的活动。生态环境部组织整理汇总了6个打击危险废物环境违法犯罪典型案例，并对天津市武清区生态环境局、江苏省苏州市张家港生态环境局、浙江省温州市生态环境局苍南分局、广西壮族自治区河池市宜州生态环境局、重庆市长寿区生态环境局提出表扬。

31 生态环境部公开2020年第二季度生活垃圾焚烧发电厂环境违法行为处理处罚情况

9 月
18 日
2020

点击查看

近日，生态环境部官网"曝光台"向社会公开了2020年第二季度全国垃圾焚烧厂环境违法行为处理处罚情况。

32 生态环境部首次举办生态环境保护执法大练兵知识竞赛

10 月
20 日
2020

点击查看

生态环境部近日印发《关于开展2020年生态环境保护执法大练兵知识竞赛的通知》，首次举办生态环境保护执法大练兵知识竞赛。10月19日，生态环境部生态环境执法局召开视频会议，演示竞赛小程序相关功能，动员地方各级生态环境执法机构和人员精心准备、积极参赛。

33

10 月
27 日
2020

生态环境部召开2020年全国环境应急管理工作暨"南阳实践"总结推进视频会

10月27日,生态环境部召开2020年全国环境应急管理工作暨"南阳实践"总结推进视频会。生态环境部副部长翟青出席会议并讲话。

34

11 月
16 日
2020

疫情期间科技助力,"清废行动"开展"遥感执法"

为贯彻落实习近平总书记在深入推动长江经济带发展座谈会上的重要讲话精神,严厉打击固体废物非法转移和倾倒长江等违法犯罪行为,根据《长江保护修复攻坚战行动计划》,2019年4月,生态环境部在长江经济带11省(市)126个城市以及3个省直管县级市全面启动打击固体废物环境违法行为专项行动。

35 生态环境部通报监督执法正面清单第三批典型案例

11 月
26 日
2020

点击查看

　　生态环境部持续指导各地进一步落实落细监督执法正面清单，不断完善监督执法正面清单动态管理机制，细化配套措施，推动建立监督执法正面清单长效机制。截至10月底，清单内企业合计84179家，各级生态环境部门通过在线监控、视频监控、用能监控、无人机巡查、大数据分析等科技手段开展非现场检查24.9万余次，发现各类环境问题7338个，立案处罚724件，各地规范行使行政处罚自由裁量权，依法减免行政处罚939次。

36 生态环境部公开2020年第三季度生活垃圾焚烧发电厂环境违法行为处理处罚情况

12 月
15 日
2020

点击查看

　　近日，生态环境部门户网站"曝光台"向社会公开了2020年第三季度全国生活垃圾焚烧发电厂环境违法行为处理处罚情况。

37

点击查看

生态环境部公布打击危险废物环境违法犯罪典型案件办理进展情况（第二批）

为遏制非法排放、倾倒、处置危险废物案件频发态势，保障人民群众身体健康和生命安全，7—11月，生态环境部、公安部、最高人民检察院在全国范围内联合组织开展严厉打击危险废物环境违法犯罪行为的活动。9月18日，生态环境部在新闻媒体上公开发布《生态环境部公开打击危险废物环境违法犯罪典型案例（第一批）》，得到社会的广泛关注。为继续回应公众关切、有效震慑危险废物环境违法犯罪行为、指导基层规范办案，生态环境部组织整理了第二批8个打击危险废物环境违法犯罪典型案件。

GONG

国际交流与合作

————

攻坚 / @生态环境部
在 2020

JIAN

01 生态环境部部长会见欧盟驻华大使

6 月
01 日
2020

6月1日，生态环境部部长黄润秋在北京会见了欧盟驻华大使郁白，双方就中欧生态环境与气候变化合作、《生物多样性公约》第十五次缔约方大会（COP15）等议题交换了意见。

02 生态环境部部长黄润秋与英国商业、能源和产业战略大臣视频通话

6 月
02 日
2020

6月2日，生态环境部部长黄润秋与英国商业、能源和产业战略大臣阿洛克·夏尔马视频通话，双方就落实中英两国领导人达成的共识，加强《生物多样性公约》第十五次缔约方大会（COP15）和《联合国气候变化框架公约》第二十六次缔约方大会（COP26）办会的相互支持进行了交流。

03 第六次金砖国家生态环境部部长会议召开

7 月
30 日
2020

7月30日，第六次金砖国家生态环境部部长会议以视频形式召开。生态环境部部长黄润秋出席会议并致辞。

04 生态环境部出席"从新冠肺炎疫情中可持续和韧性复苏"在线平台部长级视频会议

9 月
04 日
2020

9月3日，"从新冠肺炎疫情中可持续和韧性复苏"在线平台部长级视频会议召开，40多个国家的部长级官员出席并发言，联合国秘书长古特雷斯在线致辞，日本首相安倍晋三发表视频致辞。生态环境部部长黄润秋应邀为会议录制视频讲话，生态环境部副部长赵英民参加视频会议并发言。

05 二十国集团生态环境部部长会议在线召开

9 月
17 日
2020

点击查看

9月16日，二十国集团（G20）生态环境部部长会议召开，深入探讨了土地退化、生物多样性丧失等世界共同面临的环境问题。生态环境部副部长赵英民率由外交部、自然资源部、生态环境部、国家林业和草原局等部门组成的中国代表团出席会议并发言。

06 中国环境与发展国际合作委员会政策研究专题发布会在北京举行

9 月
17 日
2020

点击查看

9月17日，中国环境与发展国际合作委员会（以下简称国合会）政策研究专题发布会在北京举行，国合会秘书长、生态环境部副部长赵英民出席活动并致辞。会议发布了国合会2020年度政策报告《从复苏走向绿色繁荣："十四五"期间加速推进中国绿色高质量发展》和2020年关注问题报告《在复苏中前行》。

07 中俄总理定期会晤委员会环保合作分委会第十五次会议召开

点击查看

9月22日，中俄总理定期会晤委员会环保合作分委会第十五次会议以视频形式召开。会议由俄方主办，分委会中方主席、生态环境部部长黄润秋和俄方主席、俄罗斯联邦自然资源与生态部部长科贝尔金分别率团出席并共同主持会议。

08 生态环境部部长黄润秋以视频形式会见挪威气候与环境大臣

点击查看

9月28日，生态环境部部长黄润秋在北京以视频形式会见挪威气候与环境大臣斯万能·洛特瓦能。双方就加强生物多样性保护、海洋生态环境保护、应对气候变化等共同关心的议题进行了深入交流。

09

生态环境部与能源基金会合作框架协议进展交流会在北京举行

10 月
09 日
2020

点击查看

　　10月9日,生态环境部与能源基金会合作框架协议进展交流会在北京举行。双方总结了前一阶段工作进展并讨论了2021年合作设想。生态环境部副部长赵英民出席会议并致辞。

10

生态环境部部长黄润秋视频会见新加坡永续发展与生态环境部部长

10 月
20 日
2020

点击查看

　　10月20日,生态环境部部长黄润秋在北京视频会见新加坡永续发展与生态环境部部长傅海燕。双方就应对气候变化、"无废城市"建设等共同关心的议题进行了深入交流。

11

10 月
26 日
2020

点击查看

全球适应中心理事会第二次会议召开 生态环境部部长黄润秋发表视频讲话

　　10月23日，全球适应中心理事会第二次会议以视频方式召开，理事会主席、原联合国秘书长潘基文和荷兰皇家帝斯曼集团荣誉主席菲克·谢白曼在线致辞，近20位理事会成员出席视频会议。生态环境部部长黄润秋应邀为会议录制视频讲话。

12

11 月
06 日
2020

点击查看

生态环境部部长黄润秋视频会见德国联邦环境、自然保护和核安全部部长

　　11月5日，生态环境部部长黄润秋在北京视频会见德国联邦环境、自然保护和核安全部部长斯维尼亚·舒尔策。双方就应对气候变化、生物多样性保护等共同关心的议题进行了深入交流。

13 中韩生态环境部部长举行 2020 年度工作视频会晤

11 月
11 日
2020

11月11日，中韩生态环境部部长2020年度工作会晤以视频方式举行。生态环境部部长黄润秋和韩国生态环境部部长赵明来出席会议。双方就应对气候变化、"晴天计划"项目合作、《生物多样性公约》第十五次缔约方大会（COP15）等事宜交换了意见。

14 中国与博茨瓦纳签署应对气候变化南南合作文件 开启中博应对气候变化合作新篇章

11 月
16 日
2020

11月9日，《中华人民共和国生态环境部与博茨瓦纳环境、自然资源保护与旅游部关于应对气候变化南南合作物资赠送的谅解备忘录》签约仪式在博茨瓦纳成功举行。我国驻博茨瓦纳大使赵彦博代表生态环境部与博茨瓦纳生态环境部部长凯伦出席签约仪式并致辞。

15 生态环境部部长黄润秋视频会见国际能源署署长

11 月
19 日
2020

11月19日，生态环境部部长黄润秋在北京视频会见国际能源署署长法蒂·比罗尔。双方就应对气候变化、加强合作交流等共同关心的议题进行了深入交流。

16 中非环境合作中心启动活动在北京举行

11 月
24 日
2020

11月24日，中非环境合作中心启动活动在北京举行。生态环境部部长黄润秋出席活动并致辞，生态环境部副部长赵英民主持启动活动。外交部部长助理邓励、中非合作论坛非方共同主席国塞内加尔共和国驻华大使马马杜·恩迪亚耶、非洲国家驻华使团团长喀麦隆共和国驻华大使马丁·姆巴纳应邀出席活动并致辞。

17

11 月
26 日
2020

生态环境部部长黄润秋会见国合会副主席、"一带一路"绿色发展国际联盟咨询委员会主任委员索尔海姆

11月26日,生态环境部部长黄润秋在北京会见国合会副主席、"一带一路"绿色发展国际联盟咨询委员会主任委员索尔海姆。双方就应对气候变化、生物多样性保护、绿色"一带一路"建设、国合会框架下的合作等共同关心的议题进行了深入交流。挪威驻华大使白思娜参加会见。

18

12 月
01 日
2020

"一带一路"绿色发展国际联盟政策研究专题发布暨研究院启动活动在北京举行

12月1日,"一带一路"绿色发展国际联盟(以下简称绿色联盟)政策研究专题发布暨研究院启动活动以线上线下方式在北京举行,绿色联盟咨询委员会主任委员、生态环境部副部长赵英民出席活动并致辞。会议正式启动了"一带一路"绿色发展国际研究院,发布了绿色联盟的《"一带一路"绿色发展案例报告(2020)》《"一带一路"项目绿色发展指南》基线研究报告,以及"一带一路"与生物多样性、绿色能源、碳市场、绿色供应链等报告。

19

12 月
02 日
2020

点击查看

援埃塞俄比亚卫星交付仪式在北京举办

12月2日，我国气候变化南南合作项目——援埃塞俄比亚卫星交付仪式在北京成功举办，生态环境部副部长刘华和埃塞俄比亚驻华大使特硕姆·托加出席仪式并致辞。

20

12 月
02 日
2020

点击查看

生态环境部部长黄润秋视频会见国际可再生能源署总干事

12月2日，生态环境部部长黄润秋在北京视频会见国际可再生能源署总干事弗朗西斯科·拉卡梅拉。双方就应对气候变化、进一步加强合作等共同关心的议题进行了深入交流。

21

12 月
15 日
2020

生态环境部部长黄润秋视频会见联合国环境规划署执行主任

12月14日，生态环境部部长黄润秋在北京视频会见联合国环境规划署执行主任英格·安德森。双方就共同关心的生态环境保护议题进行了深入交流。

22

12 月
21 日
2020

中哈环保合作委员会第八次会议召开

12月21日，中哈环保合作委员会（以下简称环委会）第八次会议以视频形式召开。会议由哈方主办，环委会中方主席、生态环境部副部长赵英民率团出席并与哈方主席，哈萨克斯坦共和国生态、地质和自然资源部副部长普里姆库洛夫共同主持会议。

GONG

生态环境宣传

JIAN

攻坚 / @生态环境部
在 2020

01

3 月
25 日
2020

点击查看

生态环境部、中央文明办联合开展2020年"美丽中国，我是行动者"主题系列活动

近日，生态环境部、中央文明办联合印发《关于开展2020年"美丽中国，我是行动者"主题系列活动的通知》，部署开展推选百名最美生态环保志愿者，征集十佳公众参与案例，举办生态环保主题摄影大赛、书法大赛和国画大赛等一系列活动。

02

3 月
26 日
2020

点击查看

来吧，为生态环保铁军写支歌

2020年是污染防治攻坚战的收官之年，三年攻坚战决战在即，为更好地树立生态环保铁军形象、展示铁军风采，为打赢污染防治攻坚战鼓舞士气、凝魂聚魄，生态环境部计划制作出品一首"生态环保铁军之歌"，并面向全社会征集"生态环保铁军之歌"的歌词。

03

最美生态环保志愿者评选、生态环保主题摄影大赛⋯⋯2020年环境日系列活动邀您参加

3 月
27 日
2020

点击查看

近日，生态环境部、中央文明办联合印发通知，部署开展2020年"美丽中国，我是行动者"主题系列活动。百名最美生态环保志愿者，十佳公众参与案例，生态环保主题摄影大赛、书法大赛和国画大赛全面启动。

04

"公众最喜爱的十本生态环境好书"揭晓

4 月
23 日
2020

点击查看

第一届"公众最喜爱的十本生态环境好书"于4月23日"世界读书日"揭晓。生态环境部副部长庄国泰出席揭晓仪式，对入选出版机构及作者表示祝贺，同时宣布第二届"公众最喜爱的十本生态环境好书"推选活动启动。

05 "大地文心"第三届中国生态文学作品征文活动启动

5 月
06 日
2020

点击查看

生态文化是生态文明建设的重要支撑。为进一步繁荣生态文化，培育生态价值观念，助力美丽中国建设，由生态环境部宣传教育司主办、中国环境报社承办的"大地文心"第三届中国生态文学作品征文活动于5月6日正式启动。

06 生态环境部部署 2020 年六五环境日宣传工作

5 月
10 日
2020

点击查看

6月5日是世界环境日。日前，生态环境部印发《关于做好2020年六五环境日宣传工作的通知》，要求各级生态环境部门以六五环境日为契机，深入宣传习近平生态文明思想，广泛组织开展宣传活动，引导和动员社会各界积极参与生态环境保护实践。

07 《生态环境部新闻发布会实录 2019》出版发行

5月
10日
2020

点击查看

日前，《生态环境部新闻发布会实录2019》由中国环境出版集团出版发行。该书收录了2019年生态环境部领导同志出席的新中国成立70周年新闻发布会、"两会"记者会、部长通道、国务院新闻办发布会实况，以及生态环境部各业务司局主要负责同志参加的12场例行新闻发布会实况，从侧面记录了2019年中国生态环境保护事业的发展历程。

08 生态环境部发布 2020 年六五环境日主题海报

5月
22日
2020

点击查看

5月22日，生态环境部发布2020年六五环境日主题海报，供全社会免费下载使用。海报一套四张，围绕今年六五环境日主题"美丽中国，我是行动者"，分别以"人不负青山，青山定不负人""生态本身就是经济""小康全面不全面，生态环境质量是关键""中华民族生生不息，生态环境要有保证"为宣传语，广泛传播习近平生态文明思想，号召社会各界积极自觉行动起来，为打好打赢污染防治攻坚战、决战决胜全面建成小康社会、携手共建美丽中国贡献力量。

09 《山河记忆——中国生态环境保护掠影》出版发行

5 月
25 日
2020

近日，生态环境部宣传教育司组织编写的《山河记忆——中国生态环境保护掠影》一书由中国环境出版集团正式出版发行。该书是迄今第一本图文并茂反映新中国生态环境保护实践的环境史类大众读物。200余张珍贵照片，记录了新中国成立70年以来生态环保的一个个精彩瞬间和波澜壮阔的历史进程。

10 生态环境部发布《环保人之歌》

5 月
31 日
2020

为进一步展现生态环保人的铁军风采，鼓舞士气、昂扬斗志，凝聚起全国生态环境系统广大工作者、生态环保志愿者的磅礴力量，坚决打赢污染防治攻坚战、建设美丽中国，生态环境部于5月31日向社会发布《环保人之歌》。欢迎广大生态环境保护工作者、志愿者积极演唱，生态环境部新媒体将择优发表。

11 生态环境部发布2020年六五环境日主题宣传片

6 月
05 日
2020

点击查看

▶ 2020 年六五环境日主题宣传片

12 生态环境部发布"中国生态环境保护吉祥物"

6 月
05 日
2020

点击查看

6月5日，生态环境部在2020年六五环境日国家主场活动上正式发布"中国生态环境保护吉祥物"。吉祥物为一对名为"小山"和"小水"的卡通形象，以"青山绿水"为设计原型，有机结合"绿叶、花朵、云纹、水纹"等设计元素，表达出"绿水青山就是金山银山"的理念。

13 生态环境部、中央文明办在北京联合举办六五环境日国家主场活动

6 月
05 日
2020

点击查看

　　6月5日，生态环境部、中央文明办在北京联合举办六五环境日国家主场活动。生态环境部部长黄润秋、中宣部副部长傅华、青海省副省长刘涛出席活动并讲话，生态环境部副部长庄国泰主持活动。

14 "美丽中国，我是行动者"2020年十佳公众参与案例揭晓

6 月
05 日
2020

点击查看

　　2020年3月，生态环境部、中央文明办联合启动2020年"美丽中国，我是行动者"主题系列活动。为更好地发挥典型示范和价值引领作用，推动"美丽中国，我是行动者"主题实践活动持续深入开展，经网络投票和专家评审产生了"环保设施向公众开放NGO基金项目"等11个2020年十佳公众参与案例，现向社会公布，供借鉴参考，并热情欢迎公众参与。

15 "美丽中国，我是行动者"2020年百名最美生态环保志愿者名单揭晓

6 月
05 日
2020

点击查看

2020年3月，生态环境部、中央文明办联合启动2020年"美丽中国，我是行动者"主题系列活动。为更好地发挥典型示范和价值引领作用，推动"美丽中国，我是行动者"主题实践活动持续深入开展，经网络投票和专家评审，郭耕等101人被评为"2020年百名最美生态环保志愿者"。让我们分享这份光荣的名单，向他们表示祝贺与致敬！

16 首批"特邀观察员"发表一年来对生态环境保护事业的观察感言

6 月
05 日
2020

点击查看

为推进生态环境宣传工作创新，主动团结社会各方面力量，巩固和发展生态环境社会宣传统一战线，2019年，生态环境部首次聘请来自媒体、社会组织、企业、社区等多个领域的"特邀观察员"参加六五环境日全球主场活动及其他相关活动。一年来，首批"特邀观察员"为生态环境保护事业建言献策，为传播生态环保正能量发挥了积极作用。

17 "美丽中国，我是行动者"2020年生态环保主题摄影、书画大赛优秀作品名单揭晓

6 月
05 日
2020

点击查看

2020年3月，生态环境部、中央文明办联合启动2020年"美丽中国，我是行动者"主题系列活动。活动自开展以来得到各有关部门和单位的大力支持，政府、企业、社会组织和公众等踊跃参与，展现了全民行动建设美丽中国的生动场景。现发布主题系列活动摄影、书画大赛获奖名单，向获奖者表示祝贺！

18 生态环境部公布2020年度生态环境特邀观察员名单

6 月
05 日
2020

点击查看

今天是六五环境日。为推进生态环境宣传工作创新，主动团结社会各方面力量，巩固和发展生态环境社会宣传统一战线，生态环境部于6月5日在六五环境日国家主场活动现场聘任了2020年生态环境特邀观察员。这是继2019年首次聘任特邀观察员之后聘任的第二批。

19

6 月
09 日
2020

《聚力·破浪前行——@生态环境部在2019》出版发行

近日，由生态环境部编写，收录生态环境部政务新媒体（@生态环境部）2019年重点发布信息的图书——《聚力·破浪前行——@生态环境部在2019》，由中国环境出版集团出版发行。

20

7 月
14 日
2020

《公民生态环境行为调查报告（2020年）》发布

7月14日，生态环境部环境与经济政策研究中心向社会公开发布《公民生态环境行为调查报告（2020年）》，覆盖《公民生态环境行为规范（试行）》中10类行为领域，并重点关注生态环境、践行绿色消费、参加环保志愿活动和污染防治攻坚战公众评价等专题。

21 生态环境部发布《中国公民生态环境与健康素养》

8 月
10 日
2020

点击查看

近日，生态环境部印发了《中国公民生态环境与健康素养》（公告2020年第36号），这是依据《健康中国行动（2019—2030年）》和《国家环境保护"十三五"环境与健康工作规划》部署，由生态环境部组织中国环境科学学会在原环境保护部发布的《中国公民环境与健康素养（试行）》（公告2013年第61号）基础上修订形成的新版本。

22 专家解答《中国公民生态环境与健康素养》有关问题

8 月
10 日
2020

点击查看

近日，生态环境部发布了《中国公民生态环境与健康素养》，编制组专家就其发布背景和主要内容等进行了解答。

23 首次中国居民环境与健康素养调查结果

8 月
10 日
2020

2018年，生态环境部组织开展了我国首次居民环境与健康素养（现更名为"生态环境与健康素养"）调查。近日，这项调查结果正式对外发布。调查结果显示，2018年我国居民环境与健康素养的总体水平为12.5%，素养水平总体较低。

24 生态环境部发布全国环保设施向公众开放宣传海报和折页

8 月
21 日
2020

为深入贯彻党的十九大精神，落实《中共中央 国务院关于全面加强生态环境保护 坚决打好污染防治攻坚战的意见》要求，进一步推动全国环保设施和城市污水垃圾处理设施向公众开放工作，生态环境部近日发布全国环保设施向公众开放宣传海报和折页，供全社会免费下载使用。

25 小山、小水带你一起践行"公民十条"

10 月
02 日
2020

与小山、小水一起践行"公民十条",携手共建天蓝、地绿、水清的美丽中国。

26 国务院新闻办公室举行"十三五"生态环境保护工作新闻发布会

10 月
21 日
2020

国务院新闻办公室于10月21日(星期三)上午10时举行新闻发布会,生态环境部副部长赵英民介绍了"十三五"生态环境保护工作有关情况,并回答了记者的提问。

27 五部门联合召开"美丽中国，我是行动者"主题实践活动总结会

11 月
05 日
2020

点击查看

　　11月5日，生态环境部、中央文明办、教育部、共青团中央、全国妇联五部门联合召开会议，总结"美丽中国，我是行动者"主题实践活动成果，研究部署下一阶段工作。生态环境部副部长庄国泰出席会议并讲话。

28 "繁荣生态文学　共建美丽中国"座谈会暨"大地文心"生态文学作家采风四川行启动仪式在北京举行

11 月
09 日
2020

点击查看

　　11月9日，"繁荣生态文学　共建美丽中国"座谈会暨"大地文心"生态文学作家采风四川行启动仪式在北京举行。生态环境部副部长庄国泰出席会议并讲话。原文化部部长、"人民艺术家"国家荣誉称号获得者王蒙，中国作家协会副主席、书记处书记吉狄马加为采风活动发来视频寄语。

29

11 月
10 日
2020

关于征集中国生态环境保护吉祥物文化创意作品的公告

点击查看

　　为宣传贯彻习近平生态文明思想，更好地运用"中国生态环境保护吉祥物"传播生态文明理念、讲好生态环保故事，为打赢打好污染防治攻坚战营造良好社会氛围，推进美丽中国建设，生态环境部现组织开展中国生态环境保护吉祥物文化创意作品公开征集展示活动。

30

12 月
02 日
2020

第十一届中华环境奖启动仪式在北京举行

点击查看

　　12月2日，第十一届中华环境奖启动仪式在北京举行。生态环境部部长黄润秋、全国人大环资委副主任委员窦树华、全国政协人资环委副主任印红出席启动仪式并致辞。原国家环境保护总局副局长、中华环境奖评委会副主任王玉庆宣读了第十一届中华环境奖组委会公告。

31

国务院新闻办公室举行落实十九届五中全会精神、以高水平保护促进绿色发展新闻发布会

12 月
22 日
2020

点击查看

国务院新闻办公室于12月22日（星期二）上午10时举行新闻发布会，生态环境部副部长庄国泰介绍了落实十九届五中全会精神、以高水平保护促进绿色发展的有关情况，并答记者问。

32

生态环境部公布省级生态环境系统新闻发言人和发布机构联系人名单

12 月
29 日
2020

点击查看

为了促进各地进一步加大生态环境信息公开力度，保障好记者的采访需求，生态环境部正式公布2021年全国31个省（区、市）和新疆生产建设兵团的新闻发言人及新闻发布机构的名单和联系方式，欢迎大家联系。

点击查看

《生态环境部新闻发布会实录 2020》出版发行

GONG

生态环境保护
铁军建设

攻坚 / @生态环境部
在2020

JIAN

01

1 月
03 日
2020

点击查看

生态环境部党校举行2019年秋季学期毕业典礼

生态环境部党校于1月3日在北京举行2019年秋季学期处级干部进修班毕业典礼。生态环境部党组成员、副部长、机关党委书记、部党校校长翟青同志出席毕业典礼并讲党课。部党校校委会成员、宣教中心主要负责同志和来自生态环境部机关、派出机构、直属单位的83名处级干部参加了毕业典礼。

02

1 月
14 日
2020

点击查看

生态环境部召开部党组（扩大）会议

1月12日，2020年全国生态环境保护工作会议期间，生态环境部党组书记、部长李干杰主持召开部党组（扩大）会议，传达学习习近平总书记在中央政治局"不忘初心、牢记使命"专题民主生活会上的重要讲话精神和会议情况通报、习近平总书记在"不忘初心、牢记使命"主题教育总结大会上的重要讲话精神，研究习近平总书记重要批示件贯彻落实情况、贯彻落实中央八项规定精神情况、解决形式主义突出问题为基层减负工作情况。

03 生态环境保护铁军建设推进视频会议在北京召开

1 月
15 日
2020

点击查看

1月15日，生态环境保护铁军建设推进视频会议在北京召开。生态环境部党组成员、副部长翟青出席会议并讲话，中央纪委国家监委驻生态环境部纪检监察组副组长陈春江宣读了生态环境部党组《关于加强生态环境保护铁军建设的意见》。

04 生态环境部召开 2020 年全国生态环境系统深化全面从严治党暨推进打赢污染防治攻坚战视频会议

1 月
20 日
2020

点击查看

1月19日，生态环境部召开2020年全国生态环境系统深化全面从严治党暨推进打赢污染防治攻坚战视频会议。生态环境部党组书记、部长李干杰出席会议并作题为《坚决扛起全面从严治党政治责任　为打赢污染防治攻坚战提供坚强保障》的工作报告。中央纪委国家监委驻生态环境部纪检监察组组长、部党组成员吴海英传达了十九届中央纪委四次全会精神并讲话。

05

1 月
20 日
2020

点击查看

2019年生态环境部党组织书记、纪检组织负责人集中述职会暨2020年部机关党建工作会议召开

1月19日，2019年生态环境部党组织书记、纪检组织负责人集中述职会暨2020年部机关党建工作会议召开。生态环境部党组书记、部长李干杰主持会议并讲话。他强调，要以党的政治建设为统领，全面提高机关党建质量，当好"三个表率"，建设让党中央放心、让人民群众满意的模范机关，为打赢污染防治攻坚战提供坚强政治保障。

06

3 月
04 日
2020

点击查看

驻生态环境部纪检监察组召开组长办公会深入学习贯彻习近平总书记重要讲话精神，贯彻中央纪委常委会部署

中央纪委国家监委驻生态环境部纪检监察组于3月4日召开组长办公会，深入学习近期习近平总书记关于统筹推进新冠肺炎疫情防控和经济社会发展工作的一系列重要讲话精神，贯彻2月25日中央纪委常委会会议有关部署。会议强调，驻部纪检监察组全体同志要切实把思想和行动统一到习近平总书记重要讲话精神上来，增强"四个意识"、坚定"四个自信"、做到"两个维护"，切实落实中央纪委常委会部署，以监督实效保障工作高效开展，为统筹推进疫情防控和经济社会发展作出积极贡献。

07 生态环境部直属机关妇工委通报表彰妇女先进

3 月
09 日
2020

点击查看

为选树典型、宣传先进，引领广大妇女巾帼建新功、岗位争优秀，生态环境部直属机关妇工委开展了妇女先进评选，表彰了40名"三八红旗手（标兵）"、23个"三八红旗集体（标兵）"、33个"五好文明家庭（标兵）"、3个"优秀妇女组织"和23名"优秀妇女工作干部"。

08 生态环境部直属机关"三八红旗手（标兵）""三八红旗集体（标兵）"事迹摘编

3 月
09-11 日
2020

点击查看

点击查看

春风和煦，万物复苏，我们迎来第110个"三八"国际劳动妇女节。生态环境部广大女干部职工在各自岗位上主动作为、拼搏奉献，扛起了"半边天"的责任担当，诠释了政治强、本领高、作风硬、敢担当，特别能吃苦、特别能战斗、特别能奉献的生态环境保护铁军精神，形成了美丽中国建设中一道亮丽的风景线。现将部直属机关"三八红旗手（标兵）""三八红旗集体（标兵）"事迹摘编发布。

09 生态环境部举行纪念"三八"国际劳动妇女节先进事迹报告会

3 月
10 日
2020

点击查看

3月10日，生态环境部召开纪念"三八"国际劳动妇女节先进事迹报告会，对部直属机关"三八红旗手（标兵）"、"三八红旗集体（标兵）"、"五好文明家庭（标兵）"、"优秀妇女组织"和"优秀妇女工作干部"进行表彰。生态环境部党组书记、部长李干杰出席会议并讲话。

10 生态环境部召开部党组（扩大）会议暨部疫情应对工作领导小组会议

3 月
23 日
2020

点击查看

3月23日，生态环境部党组书记、部长、疫情应对工作领导小组组长李干杰主持召开部党组（扩大）会议暨部疫情应对工作领导小组会议，传达学习贯彻习近平总书记在中央政治局常委会会议上的重要讲话精神、中央应对疫情工作领导小组会议精神，学习贯彻《党委（党组）落实全面从严治党主体责任规定》，审议并原则通过《生态环境部党组贯彻落实〈中国共产党重大事项请示报告条例〉实施意见》、2020年内部审计工作计划。

11

3 月
24 日
2020

点击查看

驻部纪检监察组组长到督察办调研指导要求统筹推进疫情防控和打赢污染防治攻坚战工作

3月11日下午，驻部纪检监察组组长、部党组成员吴海英同志，副组长陈春江同志专程到中共生态环境保护督察办公室，就如何统筹做好疫情防控和中央生态环境保护督察工作、推进打赢污染防治攻坚战、加强督察政治建设和能力建设进行调研指导。

12

3 月
28 日
2020

点击查看

生态环境部召开部党组会议

3月27日，生态环境部党组书记、部长李干杰主持召开部党组会议，听取生态环境部党组2019年巡视工作总体情况汇报，审议并原则通过部党组第四轮巡视工作情况报告，研究部署进一步做好2020年巡视工作。

13 生态环境部党组巡视组集中反馈第四轮巡视情况

4 月
15 日
2020

按照生态环境部党组巡视工作统一部署，2019年下半年对自然生态保护司、应对气候变化司、环境影响评价与排放管理司、生态环境监测司、宣传教育司、国家应对气候变化战略研究和国际合作中心、中国环境科学学会秘书处和中国生态文明研究与促进会秘书处8个部门（单位）党组织进行常规巡视，这是党的十九大以来生态环境部党组开展的第四轮巡视。

14 生态环境部召开第十一次纪检干部业务交流会

4 月
17 日
2020

生态环境部于4月17日召开第十一次纪检干部业务交流会，进一步深入推进"以案为鉴，守土有责"专题警示教育。生态环境部党组成员、副部长、机关党委书记翟青，中央纪委国家监委驻生态环境部纪检监察组组长、生态环境部党组成员吴海英出席会议并讲话。

15 生态环境部召开部党组会议

4月24日，生态环境部党组书记孙金龙主持召开部党组会议，审议并原则通过新修订的《中共生态环境部党组工作规则》。

4月
24日
2020

点击查看

16 生态环境部召开党建重点工作动员部署会

4月30日，生态环境部召开党建重点工作动员部署会。生态环境部党组成员、副部长、机关党委书记翟青出席会议，传达中央和国家机关党的工作暨纪检工作会议精神，并对近期党建重点工作作出部署。

4月
30日
2020

点击查看

17

生态环境部举行纪念"五四"青年节生态环保青年铁军汇报会

5月6日，生态环境部举行纪念"五四"青年节生态环保青年铁军汇报会。生态环境部党组书记、副部长孙金龙出席会议并讲话，生态环境部部长黄润秋出席会议。

18

生态环境部召开部党组（扩大）会议

5月9日，生态环境部党组书记孙金龙主持召开部党组（扩大）会议，传达学习贯彻全国巡视工作会议暨十九届中央第五轮巡视动员部署会精神、中央和国家机关党的工作暨纪检工作会议精神。生态环境部部长黄润秋列席会议。

19

中央第十二巡视组巡视生态环境部党组工作动员会召开

5 月
14 日
2020

点击查看

根据中央关于巡视工作的统一部署，近日，中央第十二巡视组巡视生态环境部党组工作动员会召开。会前，中央第十二巡视组组长武在平主持召开了与生态环境部党组书记、副部长孙金龙，部长黄润秋的见面沟通会，传达了习近平总书记关于巡视工作的重要指示精神，通报了有关工作安排。会上，武在平作了动员讲话，对做好巡视工作提出要求。孙金龙主持会议并讲话。

20

生态环境部举办《党委（党组）落实全面从严治党主体责任规定》专题辅导报告

6 月
04 日
2020

点击查看

6月4日，生态环境部举办专题辅导报告，进一步学习贯彻《党委（党组）落实全面从严治党主体责任规定》。生态环境部党组成员、副部长、机关党委书记翟青主持会议并讲话，中共中央办公厅法规局研究室主任张禹应邀就该规定作专题辅导报告。

21

6 月
10 日
2020

生态环境部召开部党组（扩大）会议

6月10日，生态环境部党组书记孙金龙主持召开部党组（扩大）会议，传达学习中央层面整治形式主义为基层减负专项工作机制会议精神，审议并原则通过《生态环境部持续解决困扰基层的形式主义问题为决胜全面建成小康社会提供坚强作风保证的实施举措》。生态环境部部长黄润秋列席会议。

22

6 月
11 日
2020

共青团生态环境部直属机关第一次代表大会召开

6月11日，共青团生态环境部直属机关第一次代表大会在北京召开，生态环境部党组成员、副部长、机关党委书记翟青出席会议并讲话。会议听取和审议了本届直属机关团委工作报告，选举产生了共青团生态环境部直属机关第一届委员会。

23 统筹推进　狠抓落实　生态环境部召开2020年机关党建重点工作调度会

6月
12日
2020

点击查看

6月12日，生态环境部党组成员、副部长、机关党委书记翟青主持召开2020年机关党建重点工作调度会。会议调度了部系统各部门、各单位在创建模范机关、强化政治机关意识教育、"灯下黑"问题专项整治、党支部规范化标准化建设、"打赢污染防治攻坚战，我要做出新贡献"主题活动、干部职工外出请示报告专项检查、党风廉政教育月活动等党建重点工作中的进展，进一步推动了生态环境部机关党的建设工作的高质量发展。

24 生态环境部召开庆祝建党99周年暨"两优一先"表彰大会

6月
30日
2020

点击查看

6月30日，生态环境部召开庆祝建党99周年暨打赢污染防治攻坚战、建设生态环境保护铁军"两优一先"表彰大会，表彰2020年生态环境部优秀共产党员、优秀党务工作者、先进党组织。生态环境部党组书记孙金龙出席大会，并按照中央和国家机关工委统一部署，为党员干部讲专题党课。他强调，生态环境部系统各级党组织和广大党员干部要牢固树立政治机关意识、充分发挥政治机关作用，坚持生态优先、绿色发展理念，坚决打赢打好污染防治攻坚战，以实际行动增强"四个意识"、坚定"四个自信"、做到"两个维护"。生态环境部部长黄润秋出席会议。

25 生态环境部（国家核安全局）召开局长办公会暨党课活动

7 月
10 日
2020

点击查看

生态环境部（国家核安全局）于7月10日在北京召开局长办公会，生态环境部副部长、国家核安全局局长刘华出席会议并作"提高政治站位 全面加强管理 加快推进核安全治理现代化"的党课辅导。

26 生态环境部召开部党组（扩大）会议

7 月
20 日
2020

点击查看

7月20日，生态环境部党组书记孙金龙主持召开部党组（扩大）会议，传达学习习近平总书记在十九届中央政治局第二十一次集体学习时的重要讲话精神、《2019—2023年全国党政领导班子建设规划纲要》（以下简称《规划纲要》）和陈希同志在学习贯彻《规划纲要》座谈会上的讲话精神，审议并原则通过了《生态环境部属单位基础能力建设规划（2020—2025）》。生态环境部部长黄润秋列席会议。

27 生态环境部机关工会第一次会员代表大会召开

7 月
22 日
2020

点击查看

7月22日，生态环境部机关工会第一次会员代表大会在北京召开，生态环境部党组成员、副部长、机关党委书记翟青出席会议并讲话。会议听取和审议了本届机关工会工作报告，选举产生了生态环境部机关工会第一届委员会和经费审查委员会。

28 生态环境部召开机关党建重点工作第二次调度会

7 月
22 日
2020

点击查看

为持续推进机关党建工作的高质量发展，7月22日，生态环境部党组成员、副部长、机关党委书记翟青主持召开党建重点工作第二次调度会。驻部纪检监察组党支部和机关各部门、各派出机构、直属单位党组织书记和纪委书记（纪检组长、纪检委员）参加了会议。

29

生态环境部召开部党组（扩大）会议暨部全面深化改革领导小组全体会议

7月29日，生态环境部党组书记孙金龙主持召开部党组（扩大）会议暨部全面深化改革领导小组会议，深入学习2020年以来中央全面深化改革委员会会议精神，听取生态环境部2020年全面深化改革重点工作进展情况汇报，审议并原则通过了部党组专项巡视工作情况汇报。生态环境部部长黄润秋列席会议。

30

中央第十二巡视组向生态环境部党组反馈巡视情况

近日，中央第十二巡视组向生态环境部党组反馈巡视情况。中央巡视工作领导小组成员杨晓超主持召开向生态环境部党组书记、副部长孙金龙的反馈会议，并出席向生态环境部党组领导班子反馈会议，对巡视整改提出要求。该会议向生态环境部党组主要负责人传达了习近平总书记关于巡视工作的重要讲话精神，中央第十二巡视组组长武在平代表中央巡视组分别向生态环境部党组主要负责人和领导班子反馈了巡视情况。孙金龙主持领导班子反馈会议并就做好巡视整改工作讲话。

31 生态环境部召开部党组会议

8 月
24 日
2020

点击查看

8月24日，生态环境部党组书记孙金龙主持召开部党组会议，传达学习习近平总书记关于巡视工作的重要讲话精神和十九届中央纪委常委会会议有关精神，审议并原则通过十九届中央第五轮巡视生态环境部党组巡视整改工作领导小组及办公室人员名单、主要职责和部党组巡视整改工作方案；传达学习习近平总书记在扎实推进长三角一体化发展座谈会上的重要讲话精神。生态环境部部长黄润秋通过视频形式列席会议。

32 生态环境部召开机关党建重点工作第三次调度会

8 月
26 日
2020

点击查看

8月26日，生态环境部党组成员、副部长、机关党委书记翟青主持召开党建重点工作第三次调度会，调度推动各部门、各单位落实机关党建重点工作。驻部纪检监察组党支部和机关各部门、各派出机构、直属单位党组织书记和纪委书记（纪检组长、纪检委员）参加了会议。

33 生态环境部党组巡视组集中反馈第五轮专项巡视情况

9 月
08 日
2020

点击查看

生态环境部党组巡视组于近日反馈专项巡视情况。这轮专项巡视是在党中央对生态环境部党组开展常规巡视期间，按照中央第十二巡视组的建议，生态环境部党组对中国环境监测总站党委、核与辐射安全中心党委开展的专项巡视，这是党的十九大以来生态环境部党组开展的第五轮巡视。

34 生态环境部召开机关党建重点工作第四次调度会

9 月
17 日
2020

点击查看

9月17日，生态环境部党组成员、副部长、机关党委书记翟青主持召开机关党建重点工作第四次调度会，听取学习《习近平谈治国理政》第三卷和落实习近平总书记关于制止餐饮浪费行为重要指示的情况，调度推动中央巡视整改和年度机关党建重点工作的落实。驻部纪检监察组党支部和机关各部门、各派出机构、直属单位党组织书记和纪委书记（纪检组长、纪检委员）参加了会议。

35 生态环境部机关离退休干部党员大会召开

9 月
18 日
2020

点击查看

近日，生态环境部在北京召开机关离退休干部党员大会。生态环境部党组成员、副部长庄国泰受生态环境部党组书记孙金龙和部长黄润秋委托向全体老党员和老同志表示亲切的问候。会议强调，要不断引导离退休干部党员为党和国家事业发展贡献力量，要努力为老同志多办实事、多做好事。

36 生态环境部召开部党组会议

9 月
21 日
2020

点击查看

9月21日，生态环境部党组书记孙金龙主持召开部党组会议，传达学习中共中央办公厅印发的《关于巩固深化"不忘初心、牢记使命"主题教育成果的意见》、习近平总书记在中央全面深化改革委员会第十五次会议上的重要讲话精神、习近平总书记对新时代民营经济统战工作重要指示和全国民营经济统战工作会议精神，听取十九届中央第五轮巡视整改进展情况汇报，审议《中共生态环境部党组、党组书记和领导班子其他成员落实全面从严治党责任清单》《生态环境部党组关于讨论和决定党员干部处分事项有关规定（2020年修订）》。生态环境部部长黄润秋列席会议。

37 全国生态环境系统巡视整改落实动员视频会议召开

9 月
23 日
2020

点击查看

9月23日，生态环境部召开全国生态环境系统巡视整改动员视频会议。生态环境部党组书记、部党组整改工作领导小组组长孙金龙出席会议并讲话，生态环境部部长黄润秋出席会议。孙金龙强调，要深入学习贯彻习近平总书记关于巡视工作的重要指示批示精神，扎实做好巡视"后半篇文章"，以整改实际成果体现"两个维护"，推进生态环境保护工作迈上新台阶。

38 生态环境部直属机关工会第一次会员代表大会召开

10 月
10 日
2020

点击查看

10月10日，生态环境部直属机关工会第一次会员代表大会在北京召开，生态环境部党组成员、副部长、机关党委书记翟青出席会议并讲话。中央和国家机关工委群众工作部（统战部）部长、工会联合会常务副主席马勇明出席会议并致辞。会议选举产生了直属机关工会委员会和经费审查委员会。

39 生态环境部党组举行理论学习中心组（扩大）学习

10 月
15 日
2020

点击查看

10月14—15日，按照生态环境部党组关于十九届中央第五轮巡视反馈意见整改方案和部党组巡视工作、选人用人工作情况专项检查反馈意见整改方案安排，生态环境部党组举行理论学习中心组（扩大）学习。生态环境部党组书记孙金龙参加学习并主持集中研讨，生态环境部部长黄润秋参加学习和集中研讨。

40 生态环境部召开机关党建重点工作第五次调度会

10 月
20 日
2020

点击查看

10月20日，生态环境部党组成员、副部长、机关党委书记翟青主持召开党建重点工作第五次调度会，调度推动各部门各单位落实机关党建重点工作。驻部纪检监察组党支部和机关各部门、各派出机构、直属单位党组织书记和纪委书记（纪检组长、纪检委员）参加了会议。

41 生态环境部党组召开会议

10 月
22 日
2020

10月22日，生态环境部党组书记孙金龙主持召开部党组会议，听取部党组巡视整改工作进展情况汇报，研究持续推进中央巡视整改工作。生态环境部部长黄润秋列席会议。

点击查看

42 生态环境部党校举行 2020 年秋季学期开学典礼

10 月
26 日
2020

10月26日，生态环境部党校2020年秋季学期处级干部进修班开学典礼在北京举行。生态环境部党组成员、副部长、机关党委书记、部党校校长翟青出席开学典礼并讲第一堂党课。

点击查看

43 生态环境部党组举行理论学习中心组（扩大）集中学习

11 月
18 日
2020

点击查看

　　11月15日至17日，生态环境部党组举行理论学习中心组（扩大）集中学习。生态环境部党组书记孙金龙参加学习并主持集中研讨，生态环境部部长黄润秋参加学习和集中研讨。这次集中学习也是一次面向部系统全体党员、干部关于党的十九届五中全会精神的集中宣讲。中央和国家机关工委宣传部副部长侯兵和有关同志到会指导。

44 全国生态环境系统6名同志荣获全国先进工作者称号

11 月
25 日
2020

点击查看

　　全国劳动模范和先进工作者表彰大会于11月24日上午在北京人民大会堂隆重举行，生态环境系统6名同志荣获全国先进工作者称号并受到表彰。

45

11 月
26 日
2020

生态环境部党组召开会议

11月26日，生态环境部党组书记孙金龙主持召开部党组会议，深入学习领会习近平法治思想和中央全面依法治国工作会议精神。这次会议也是一次部党组理论学习中心组集中学习。中国政法大学校长、党委副书记马怀德应邀就学习宣传贯彻习近平法治思想作辅导报告。生态环境部部长黄润秋列席会议。

46

12 月
01 日
2020

生态环境部召开机关党建重点工作第六次调度会

11月30日，生态环境部党组成员、副部长、机关党委书记翟青主持召开机关党建重点工作第六次调度会，听取学习宣传贯彻党的十九届五中全会精神情况，调度推动中央巡视整改和年度机关党建重点工作的落实，通报部党组巡视整改专题民主生活会情况等。驻部纪检监察组党支部和机关各部门、各派出机构、直属单位党组织书记和纪委书记（纪检组长、纪检委员）参加了会议。

47 "弘扬劳模精神　激发铁军力量"先进模范人物事迹报告会在北京召开

12 月
09 日
2020

点击查看

12月9日，"弘扬劳模精神　激发铁军力量"先进模范人物事迹报告会在北京召开。生态环境部党组书记孙金龙出席会议并讲话。

48 生态环境部举行党的十九届五中全会精神辅导报告会

12 月
12 日
2020

点击查看

12月11日，生态环境部举行党的十九届五中全会精神辅导报告会。部党组书记孙金龙作专题辅导报告，向生态环境部系统全体党员、干部宣讲党的十九届五中全会精神。中央纪委国家监委驻生态环境部纪检监察组组长、部党组成员库热西主持报告会。

49 生态环境部召开机关党建重点工作第七次调度会

12 月
28 日
2020

12月28日，生态环境部党组成员、副部长、机关党委书记翟青主持召开机关党建重点工作第七次调度会，听取学习贯彻党的十九届五中全会精神情况，调度推动机关党建重点工作。驻部纪检监察组党支部和机关各部门、各派出机构、直属单位党组织书记和纪委书记（纪检组长、纪检委员）参加了会议。

50 生态环境部党组召开会议

12 月
29 日
2020

12月29日，生态环境部党组书记孙金龙主持召开部党组会议，传达学习贯彻中央政治局民主生活会精神，审议并原则通过部系统以案为鉴专项教育方案，听取全面从严治党、"十四五"生态环境保护规划调研及省以下生态环境机构监测监察执法垂直管理制度改革等情况的汇报。生态环境部部长黄润秋列席会议。

51 生态环境部召开以案为鉴专项教育动员部署会

12 月
31 日
2020

点击查看

12月31日，生态环境部召开以案为鉴专项教育动员部署会，生态环境部党组书记孙金龙在会上作动员讲话，中央纪委国家监委驻生态环境部纪检监察组组长、部党组成员库热西对专项教育工作提出明确要求。生态环境部部长黄润秋出席会议。